JN059147

力学問題集

鳥居 隆 編・著

学術図書出版社

演習問題

演習問題 1

A

1-1. デカルト座標系で次の点を図示せよ．また問いに答えよ．

(a) 点 A (2, 3, 5)　　　(b) 点 B (2, −3, 5)　　　(c) 点 C (−2, −3, −5)

(d) 点 A と点 B の位置関係をいえ．　　　(e) 点 A と点 C の位置関係をいえ．

1-2. 点 P は，3 次元デカルト座標系で (9, 12, 36) と表される．3 次元円筒座標系，3 次元極座標系ではどのように表されるか．

1-3. ある建物の入口（O 点）に立っている．ここから正面の廊下をまっすぐに 8 m 進み（P 点），直角に左に向きを変えてさらに 6 m 直進してエレベータに乗り込み（Q 点），そこから 24 m 上の位置（R 点）に着いたとする．O 点を座標原点とし，始めの進行方向を x 軸に，次の進行方向を y 軸に，エレベータの進行方向を z 軸にとる．

(a)　P 点，Q 点，および R 点の位置をそれぞれ座標 (x, y, z) で表わせ．

(b)　O 点から Q 点までの距離，および O 点から R 点までの距離をそれぞれ求めよ．

B

1-4. 図はブラウン管オシロスコープの画面を正面から見たもので，画面中央を原点として定義された x 軸と y 軸が示されている．ブラウン管は電子銃から打ち出された電子ビームが画面上の選ばれた位置 (x, y) の点に当り，そこに輝点をつくるようにできている．時刻 t〔s〕での位置 (x, y) が次のように変化するとき，画面にどのような図形が描かれるか示せ．（この問題では，x, y, t を次元をもたない数値であると考える．）

(a)　$x = 3t,\ y = 2t$　（$-1 \leqq t \leqq 1$ とする）

(b)　$x = t,\ y = \sin t$　（$-\pi \leqq t \leqq \pi$ とする）

(c)　$x = 3\cos t,\ y = 3\sin t$

(d)　$x = \sin t,\ y = \sin 2t$

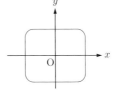

1-5. (a)　3 次元デカルト座標系の座標 (x, y, z) と 3 次元極座標系の座標 (r, θ, φ) の相互の変換公式，即ち，(x, y, z) を (r, θ, φ) で表す式，及びその逆の式を作れ．

(b)　3 次元デカルト座標系の座標を用いて速さ v は，

$$v = \sqrt{\left(\frac{\mathrm{d}x}{\mathrm{d}t}\right)^2 + \left(\frac{\mathrm{d}y}{\mathrm{d}t}\right)^2 + \left(\frac{\mathrm{d}z}{\mathrm{d}t}\right)^2}$$

と表される．3 次元極座標系の座標を用いると，次のようになることを示せ．

$$v = \sqrt{\left(\frac{\mathrm{d}r}{\mathrm{d}t}\right)^2 + \left(r\frac{\mathrm{d}\theta}{\mathrm{d}t}\right)^2 + \left(r\sin\theta\frac{\mathrm{d}\varphi}{\mathrm{d}t}\right)^2}$$

演習問題 2

A

2-1. 次の物理量のうち，ベクトルを選べ． |長さ，変位，速度，速さ，時間，加速度|

2-2. 72 km の距離を 8.0 時間かけて走った人の平均の速さは何 km/h か．また，それは何 m/s か．

2-3. 静水で速さ 1.2 m/s で泳げる人が，流速 0.4 m/s の川で，川上に向かって泳ぐ時の速さと，川下に向かって泳ぐ時の速さを求めよ．

2-4. 穏やかな海面上を定速で航行中の船がある．原点を海面上（＝地球表面上）の 1 点に固定し，東西に x 軸を，南北に y 軸をとり，東および北を各軸の正の向きと定義する．この座標系で，時刻 t〔s〕での船の位置は位置ベクトル $\boldsymbol{r} = 5t\boldsymbol{i} + (2400 - 5t)\boldsymbol{j}$〔m〕で表わされるとする．

 (a) 船の航路を xy 平面上に描け．

 (b) 船が x 軸上を通過する時刻を求めよ．

 (c) 船の航路と x 軸の間の角度を求めよ．

2-5. 同じ種類のベクトル $\boldsymbol{A}$, $\boldsymbol{B}$, $\boldsymbol{C}$ について考える．これらの始点は同じ位置にあるとする．

 (a) 任意に描いた $\boldsymbol{A}$ と $\boldsymbol{B}$ に対し，$\boldsymbol{A} + \boldsymbol{B}$ および $\boldsymbol{A} + 2\boldsymbol{B}$ をそれぞれ図示せよ．

 (b) ある定まった $\boldsymbol{B}$ に対し，$\boldsymbol{C} = -\boldsymbol{B}$ はどのようなベクトルか．図示せよ．

 (c) 任意に描いた $\boldsymbol{A}$ と $\boldsymbol{B}$ に対し，$\boldsymbol{A} - \boldsymbol{B}$ および $\boldsymbol{B} - \boldsymbol{A}$ をそれぞれ図示せよ．

 (d) $\boldsymbol{A}$ と $\boldsymbol{B}$ の終点どうしを結ぶ直線の中点を終点とするベクトル $\boldsymbol{C}$ の式を書け．

 (e) $\boldsymbol{A} + \boldsymbol{B} + \boldsymbol{C} = 0$ であるとき，$\boldsymbol{A}$, $\boldsymbol{B}$, $\boldsymbol{C}$ の関係を図示せよ．

B

2-6. 次の恒等式が成り立つ事を示せ．

 (a) $\boldsymbol{A} \times (\boldsymbol{B} \times \boldsymbol{C}) = (\boldsymbol{A} \cdot \boldsymbol{C})\boldsymbol{B} - (\boldsymbol{A} \cdot \boldsymbol{B})\boldsymbol{C}$

 (b) $\boldsymbol{A} \times (\boldsymbol{B} \times \boldsymbol{C}) + \boldsymbol{B} \times (\boldsymbol{C} \times \boldsymbol{A}) + \boldsymbol{C} \times (\boldsymbol{A} \times \boldsymbol{B}) = 0$

2-7. 3 つのベクトル $\boldsymbol{A}$, $\boldsymbol{B}$, $\boldsymbol{C}$ が同一平面上にあるための条件を求めよ．（ヒント：平行六面体ができずにつぶれてしまう条件です．）

2-8. 静水では速さ 12 m/s の船が，流速 5.0 m/s の川を進む．次の場合に川岸から見た船の速度を求めよ．

 (a) 船首を川の流れと同じ向きに向けて進めた場合．

 (b) 船首を川岸に対して垂直な向きに向けて進めた場合．

C

2-9. 図のように，一定の速さ V で直進する幅 ℓ の車の前方 d の地点から，歩行者が車の進行方向に対して角 ϕ の向きに一定の速さ v で真っ直ぐに歩き始めた．

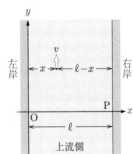

(a) この人が，安全に渡れるための条件は，

$$\frac{1}{V}\left(d+\frac{\ell}{\tan\phi}\right) > \frac{1}{v}\cdot\frac{\ell}{\sin\phi}$$

であることを示し，v の最小値を求めよ．

(b) ϕ の値を変化させると，上の不等式から決まる v の最小値も変化する．v の最小値が最も小さくなるときの $\tan\phi$ の値と，そのときの v の値を求めよ．また，この ϕ の幾何学的な意味を考察せよ．

(c) 静止していた車が，一定の加速度（大きさ α）で x 軸の正の向きに動き出したとすると，t 秒後の速さは αt となる．このとき前問の答えはどのように変わるか．

2-10. 図のような一定の幅 ℓ の運河があり，左岸に沿って y 軸，これと垂直に x 軸を設定する．河の流れは y 軸方向には一様で，その流速 v は左岸までの距離 x と右岸までの距離 $\ell - x$ の積に比例し，河の中心 $x = \ell/2$ で v_0 である．静水に対する速さが V のボートで，図の原点 O から出発して右岸へ渡る．ただし，$V > v_0$ とする．

(a) 流速 v を x の関数として表せ．

(b) ボートの向きを流れに垂直に，x 軸の正の向きに向けたまま流されながら進むとき，ボートの軌跡を x と y の関係式として求め，図示せよ．また，右岸に到着した点の y 座標，所要時間を求めよ．

(c) ボートの向きを x 軸の正の向きから上流側に θ 傾け，この角を保ったまま進んだところ，ちょうど対岸の地点 P に着いた．θ を決定し，ボートの軌跡を x と y の関係式として求め，図示せよ．また，所要時間を求めよ．

(d) ボートが x 軸上に沿って進むように，ボートの向きを調節しながら渡るとき，岸から見た船の速さを x の関数として求め，図示せよ．

演習問題 3

A

3-1. (a) 静止していた物体が $t = 0\,\mathrm{s}$ に x 軸上を動き始め，$t = 15\,\mathrm{s}$ に速度 $45\,\mathrm{m/s}$ になった．平均の加速度を求めよ．

(b) $t = 0\,\mathrm{s}$ に $\boldsymbol{v}(0) = (2,\,5,\,3)\,\mathrm{m/s}$ の速度で運動していた物体が，$t = 2\,\mathrm{s}$ に $\boldsymbol{v}(2) = (3,\,2,\,-1)\,\mathrm{m/s}$ の速度になった．平均の加速度を求めよ．

(c) $t = 2\,\mathrm{s}$ に $\boldsymbol{v}(2) = 4\boldsymbol{i} - 3\boldsymbol{j} + 2\boldsymbol{k}\,(\mathrm{m/s})$ の速度で運動していた物体が，$t = 5\,\mathrm{s}$ に $\boldsymbol{v}(5) = -2\boldsymbol{i} + 3\boldsymbol{j} + 2\boldsymbol{k}\,(\mathrm{m/s})$ の速度になった．平均の加速度を求めよ．

3-2. 空港の滑走路に沿って x 軸をとる．あるジェット機が離陸するために，滑走路の一端 $(x = 0)$ で一時停止した後，加速を始めた．スタートから t〔s〕後のジェット機の位置は $x = 1.8\,t^2$〔m〕で表された．

(a) t と x の関係を表すグラフを描け．

(b) $t = 20.0\,\text{s}$ と $t + \Delta t = 20.1\,\text{s}$ の間の平均速度を求めよ（$\Delta t = 0.1\,\text{s}$）．

(c) $t = 20\,\text{s}$ での瞬間速度を求めよ（上問で，$\Delta t \to 0$ と考える）．

(d) 任意の時刻 t での速度 $v(t) = \dfrac{dx}{dt}$〔m/s〕を求めよ．

3-3. 物体の位置が次で与えられるとき，物体の速度と加速度を求めよ．

(a) $x(t) = bt + c$　　（$b,\,c$ は定数）

(b) $x(t) = b\cos\omega t$　　（$b,\,\omega$ は定数）

3-4. x 軸上を正の向きに一定の速さ $1.6\,\text{m/s}$ で運動している物体が，時刻 $t = 0\,\text{s}$ に原点 O を通過した．位置 $x = 6.4\,\text{m}$ の点 A を通過するときの時刻を求めよ．また，点 A を通過してから $1.0\,\text{s}$ 後に通過する位置はどこか．

3-5. 次の等加速度直線運動をする物体の加速度の大きさを求めよ．

(a) 静止していた物体が，動き出してから $4.0\,\text{s}$ 後に速度が $24\,\text{m/s}$ になった．

(b) 静止していた物体が，動き出してから $5.0\,\text{s}$ 間に $50\,\text{m}$ 進んだ．

(c) 静止していた物体が，動き出してから $9.0\,\text{m}$ 進んだところで速度が $6.0\,\text{m/s}$ になった．

3-6. (a) 一直線上を $2.0\,\text{m/s}$ の速度で動いている物体が，一定の加速度 $1.2\,\text{m/s}^2$ で加速した．加速し始めてから $4.0\,\text{s}$ 後の速度を求めよ．

(b) 一直線上を $3.0\,\text{m/s}$ の速度で動いている物体が，一定の加速度 $2.0\,\text{m/s}^2$ で加速した．加速し始めてから $10\,\text{m}$ 進むのに要する時間を求めよ．

(c) 一直線上を $15\,\text{m/s}$ の速度で走っている車が一定の加速度で速度を増し，$10\,\text{m}$ 進んだところで $25\,\text{m/s}$ の速度になった．加速度を求めよ．

B

3-7. 物体の位置が次で与えられるとき，物体の速度と加速度を求めよ．

(a) $x(t) = x_0 e^{-\gamma t}\sin(\omega t + \delta)$　　（$x_0,\,\gamma,\,\omega,\,\delta$ は定数）

(b) $y(t) = b\ln ct$　　（$0 < t$ で，$b,\,c$ は正の定数）

(c) $\boldsymbol{r}(t) = b\cos\omega t\,\boldsymbol{i} + c\sin\omega t\,\boldsymbol{j}$　　（$b,\,c,\,\omega$ は定数）

3-8. 加速度が，$a,\,b,\,\omega$ を正の定数として，

$$\frac{\mathrm{d}^2\boldsymbol{r}}{\mathrm{d}t^2} = a\cos\omega t\,\boldsymbol{i} + b\sin\omega t\,\boldsymbol{j}$$

であった．$t = 0$ のときに $\boldsymbol{r} = x_0\boldsymbol{i}$，$\dfrac{\mathrm{d}\boldsymbol{r}}{\mathrm{d}t} = v_0\boldsymbol{j}$ として $\boldsymbol{r}$ を求めよ．

3-9. x 軸上を正の向きに一定の速度で運動している物体が，時刻 $t = 0\,\text{s}$ に $x = 2.0\,\text{m}$ の位置を，時刻 $t = 4.0\,\text{s}$ に $x = 8.0\,\text{m}$ の位置を通過した．

(a) $t = 0\,\text{s}$ から $t = 4.0\,\text{s}$ の間の変位を求めよ．

(b) 物体の速度を求めよ．

(c) 物体が $x = 6.5\,\text{m}$ の位置を通過するときの時刻を求めよ．

3-10. x 軸上を $6.0\,\text{m/s}$ の速度で運動していた物体が,時刻 $t = 0\,\text{s}$ に原点 O を通過すると同時に等加速度直線運動をして,時刻 $t = 5.0\,\text{s}$ に $-4.0\,\text{m/s}$ の速度になった.

(a) 加速度を求めよ.

(b) 物体が点 O から正の向きに最も離れるときの時刻と点 O からの変位を求めよ.

(c) 時刻 $t = 5.0\,\text{s}$ における位置を求めよ.

3-11. x 軸上の原点を初速度 $4.0\,\text{m/s}$ で動き出した物体が等加速度直線運動をして,$5.0\,\text{s}$ 後に $-6.0\,\text{m/s}$ の速度になった.

(a) 加速度を求めよ.

(b) 物体の速度が 0 になったのは何 s 後か.また,その位置はどこか.

(c) 動き出してから $5.0\,\text{s}$ 後の物体の位置を求めよ.

(d) 物体がはじめの位置から $-2.25\,\text{m}$ の位置を通過するときの速度を求めよ.

3-12. 静止していた自動車 A が一定の加速度で走り始めた.その瞬間,A の横を $12\,\text{m/s}$ の一定の速度で,同じ向きに走ってきた自動車 B が追い越していった.A は発進してから $48\,\text{m}$ 走ったところで B と同じ速度になった.走り始めた向きを正として以下の問いに答えよ.

(a) A の加速度を求めよ.

(b) A が B に追いつくまでの走行距離を求めよ.

(c) A が B に追いついたとき,A から見た B の相対速度を求めよ.

3-13. ピッチャーからキャッチャーに秒速 $30\,\text{m}$ の直球が投げられた.ピッチャーはボールをほとんど直線的に $1.5\,\text{m}$ 動かして手から離し,キャッチャーはミットを手前に $9\,\text{cm}$ 引きながらこのボールを受けたとする.どちらの場合も,加速は一様であると仮定し,重力による軌道の曲がりは無視する.次の問に答えよ.

(a) 投球時のボールの加速度 a,および加速時間 t を求めよ.

(b) 捕球時のボールの加速度 a,および加速時間 t を求めよ.

3-14. 自動車が発車してから一定の加速度で加速し,$40\,\text{s}$ に時速 $72\,\text{km/h}$ となった.加速度の大きさとこの間の移動距離を求めよ.

3-15. 一直線上を静止の状態から一定の加速度 $\alpha\ (> 0)$ で動きだし,速さ v になってからはしばらく等速度で動いた後,一定の加速度 $-\beta\ (\beta > 0)$ で減速して止まった.この間の移動距離は L であった.v–t グラフを描き,所要時間を求めよ.さらに,$\alpha,\ \beta,\ L$ が一定のとき,所要時間の最小値とそのときの v の値を計算せよ.

C

3-16. 再び $100\,\text{m}$ 走の走り方について考える.スタートから 1.0 秒間だけ加速度を $8.0\,\text{m/s}^2$ とする.その後,加速度を $\beta\ [\text{m/s}^2]$ とし,速さが $12\,\text{m/s}$ に達した後はこの速さを保ったままゴールする.$100\,\text{m}$ を $10\,\text{s}$ で走るためには加速度 β をいくらにすればよいか.また,最高速度に達する時刻とその地点を求めよ.

3-17. 図のように，湖面から高さ h の点で，長さ ℓ のロープにつながれたボートがある．ロープを一定の速さ V で引き，このボートをたぐり寄せる．

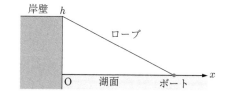

(a) ロープを引き始めてから t 秒後の船の位置 x を求めよ．

(b) ボートの速度 $v = \dfrac{\mathrm{d}x}{\mathrm{d}t}$ と x の関係を求め図示せよ．

(c) ボートの加速度 $a = \dfrac{\mathrm{d}^2 x}{\mathrm{d}t^2}$ と x の関係を求め図示せよ．

3-18. 一定の加速度 $\boldsymbol{a}$ で運動している質点がある．その加速度は，異なる3つの時刻における質点の位置から計算できる．時刻 t_1, t_2, t_3 における位置が $\boldsymbol{r}_1$, $\boldsymbol{r}_2$, $\boldsymbol{r}_3$ であれば，加速度が次式で与えられることを示せ．さらに，時刻 0 m のときの速度 $\boldsymbol{v}_0$ と位置 $\boldsymbol{r}_0$ を求めよ．

$$\boldsymbol{a} = -2 \times \frac{(t_2 - t_3)\boldsymbol{r}_1 + (t_3 - t_1)\boldsymbol{r}_2 + (t_1 - t_2)\boldsymbol{r}_3}{(t_2 - t_3)(t_3 - t_1)(t_1 - t_2)}$$

演習問題 4

A

4-1. 次の_____に相当する数値を記入せよ．質点は力の方向に自由に動けるとする．

(a) 質量 8.0 kg の質点がある方向に加速度 3.0 m/s^2 で一様に加速されている．質点には_____N の力が作用している．

(b) 質量 8.0 kg の質点に大きき 160 N の一定方向の力が作用している．質点は加速度_____ m/s^2 で一様に加速される．

(c) 質量 8.0 kg の静止している質点に一定の力を作用させ，30 s 後に速度 45 m/s とする．必要な力は_____N である．

4-2. 2 N は 1 円玉（1.0 g）の重さで表すと約何円だろうか．また，500 円玉（7.0 g）だと約何円だろうか．ただし，重力加速度の大きさを 9.8 m/s^2 とせよ．

4-3. 滑らかな水平面上に，質量 m〔kg〕の小物体が静止している．この小物体に，次のように力を加えた．次の問いに答えよ．

(a) 水平方向右向きに大きさ F〔N〕の力を加え続けたときの加速度を求めよ．

(b) 水平方向右向きに大きさ $3F$〔N〕の力を加え続けたときの加速度の大きさは，(a) の何倍か．

(c) 水平方向右向きに大きさ F〔N〕，水平方向左向きに大きさ $2F$〔N〕の力を加え続けたときの加速度を求めよ．

4-4. 滑らかな水平面上に静止している質量 5.0 kg の物体に，水平方向から互いに逆向きに 6.0 N と 2.0 N の力を 3.0 s 間加え続けた．

(a) 物体に生じる加速度の大きさはいくらか．

(b) 3.0 s 後の物体の速さはいくらか.

B

4-5. 質量 800 kg のエレベータを運転するために必要な力について考えよう. 力とはワイヤーからエレベータに作用する力とする.

    (a) エレベータを静止させておくための力を求めよ.

    (b) 静止していたエレベータを引き上げ, 4 s 後に速さ 2 m/s としたい. このために必要な力を求めよ.

    (c) エレベータを等速で引き上げるための力を求めよ.

    (d) 速さ 2 m/s で上昇しているエレベータにブレーキをかけ, 1 s で停止させたい. ワイヤーからエレベータへの力は (c) の場合と同じとする. ブレーキからエレベータに作用する力の大きさを求めよ.

4-6. 自由に動ける質量 $m = 5.0$ kg の質点が一定の方向 (x 軸方向とする) に $F = 60$ N の力を受けるとする.

    (a) 運動方程式を書け. 加速度は速度 v を用いて微分式で表現すること.

    (b) 時刻 t 〔s〕での質点の速度を求めよ. 質点は初め ($t = 0$ s には) 静止しているとする.

    (c) 時刻 t 〔s〕での質点の位置を求めよ. 質点は初め ($t = 0$ s には) 原点にあるとする.

4-7. 凍結した湖面上にいる学生が, 18 m 離れたところにある質量 7.5 kg のそりにつけたロープを持っている. その学生の衣類を含めた全質量は 60 kg である. 学生がロープを 15 N の力で, 水平に引いた. ロープを引く力は一定で, 摩擦力は無視できるとする.

    (a) そりと学生の加速度の大きさを求め, 向きを答えよ.

    (b) そりが学生の所に来るまでに, 学生が移動する距離を求めよ.

4-8. 時間反転 ($t \to -t$) したとき, Newton の運動方程式はどのように変わるか. また, この結果は何を意味するのか説明せよ.

4-9. バスが急発進するとき, 立っている乗客は後ろに倒れ, 急ブレーキをかけるときには前に倒れる理由を説明せよ.

4-10. 時速 54 km/h で走っている 600 kg の車が急ブレーキをかけ, 10 s 後に止まった. ブレーキの力が一定であるとし, その大きさと止まるまでに移動した距離を計算せよ.

C

4-11.

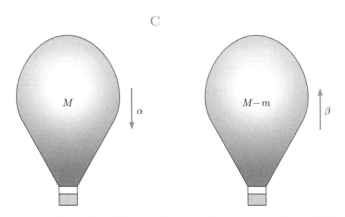

熱気球には体積に比例した浮力が働く. 搭乗者や機材を含む気球の全質量を M とする.

あるとき，熱気球が大きさ α の加速度で降下を始めたので積んでいた砂袋の一部を捨てた．すると，熱気球は大きさ β の加速度で減速し，しばらくして上昇を始めた．砂袋の体積を無視し，捨てた砂袋の質量 m を求めよ．

4-12. 慣性系 S に対し，一定の加速度 $\boldsymbol{a}$ で並進運動している座標系 S′ がある．慣性系 S で成り立つニュートンの運動方程式 $m\dfrac{\mathrm{d}^2\boldsymbol{r}}{\mathrm{d}t^2} = \boldsymbol{F}$ は，座標系 S′(座標を $\boldsymbol{r}'$ とする) ではどのように変更されるか．

4-13. 月は，地球 (図の点 E) のまわりを半径 R の円を描いて一定の速さ v で回っていると見なすことができる．図の点 A における月の速度ベクトルは，点 B (AB は点 A での円の接線) を向いている．しかし，月は点 B へは向かわず，線分 EB と軌道が交わる点 S へと移動する．これは，地球の万有引力により，月が $\overline{\mathrm{BS}}$ だけ落下したためとニュートンは考えた．以下の考察に従って，この考え方が正しいことを検証しよう．

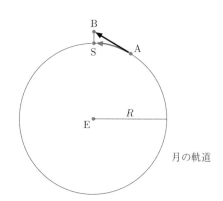

月の軌道

　月の軌道上で，地球の万有引力によって生ずる加速度の大きさを g_{E}，A から S まで移動する時間を Δt とする．このとき，$\overline{\mathrm{AB}} = v\,\Delta t$，$\overline{\mathrm{BS}} = \dfrac{1}{2}g_{\mathrm{E}}(\Delta t)^2$ である．

(a)　$(v\,\Delta t)^2 = \left(\overline{\mathrm{BS}}\right)^2 + 2R\cdot\overline{\mathrm{BS}} \fallingdotseq 2R\cdot\overline{\mathrm{BS}}$ となることを示せ．

(b)　月の公転周期 $T\left(=\dfrac{2\pi R}{v}\right)$ と軌道半径 R を用いて g_{E} を表せ．

(c)　観測によると，$T \fallingdotseq 27.3$ 日，$R \fallingdotseq 3.84\times10^8\,\mathrm{m}$ である．g_{E} の値を求めよ．

(d)　月の軌道半径 R は，地球の半径 $R_{\mathrm{E}} \fallingdotseq 6.40\times10^6\,\mathrm{m}$ の 60.0 倍である．先に求めた g_{E} と地球上での重力加速度の大きさ $g \fallingdotseq 9.80\,\mathrm{m/s}^2$ と比較して，ニュートンの考え方が正しいとする根拠を示せ．

演習問題 5

A

5-1. 次の点線方向の力を合成，または，実線方向の力を点線方向に分解せよ．

(a)　　　　　　　　(b)　　　　　　　　(c)　　　　　　　　(d)

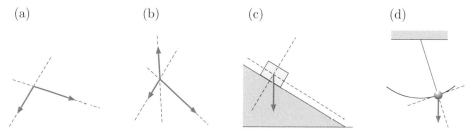

5-2. 上右図のように A 君と B 君がいっしょに質量 10 kg の荷物を持ち上げている．A 君は鉛直線から 60°，B 君は鉛直線から 30° の方向に反対側に荷物を引き上げている．

(a) 荷物に作用する重力の大きさを求め，その力のベクトルを描け．

(b) 3つの力のベクトルの関係を図示せよ．その力のベクトルを描け．

(c) A君からの力，およびB君からの力の大きさを求めよ．

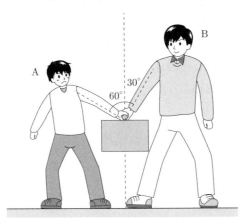

5-3. (a) 質量 1.0 kg の2つの質点が 1.0×10^{-8} N の万有引力で引き合うには距離＿＿＿＿＿ m まで近づければよい．

(b) 質量 1 kg の物体は地球から＿＿＿＿＿ N の万有引力を受けている．

(c) 1 N の力を実感するには，質量＿＿＿＿＿ kg の物体を持ってみればよい．

(d) 地表から＿＿＿＿＿ km 上空へいくと，引力の大きさは地表の場合の $\dfrac{1}{4}$ になる．地球の半径を 6400 km とする．

(e) 圧力の単位はパスカル Pa であり，1 m² あたりに 1 N の力がかかるときに 1 Pa と定義される．地表の大気圧は 1.0×10^5 Pa である．手のひらを上に向けたとき，その面積を 200 cm² とすると，手の上にかかる力は＿＿＿＿＿ kg の物体を支えているのと等しくなる．

5-4. (a) ばね定数が 40 N/m のばねを自然長から 0.40 m 伸ばすのに必要な力を求めよ．

(b) 1.0 N の力を加えると，自然長からの伸びが 0.25 m になるバネがある．ばね定数を求めよ．

B

5-5. 質量 1.0 kg の物体を手の上に乗せ，落ちないようにして次のように運動させた．それぞれの場合に物体が手におよぼす力の大きさを求めよ．加速度は上向きを正とする。

(a) 静止している   (b) 2.0 m/s の等速度で下降

(c) 加速度 1.5 m/s² で上昇   (d) 加速度 −1.5 m/s² で上昇

(e) 加速度 −1.5 m/s² で下降   (f) 加速度 −9.8 m/s² で下降

5-6. 地球に比べて月の質量は 1.23 ％，半径は 27.2 ％である．

(a) 地球から自分に作用している重力は何 N か．

(b) 自分が月面に立つとすれば，月から自分に作用している重力は何 N か．

(c) 地球と月の間で両方から作用する重力が 0 N となるのはどの辺りか．

5-7. r〔m〕だけ離れておかれた電荷 q_1〔C〕と q_2〔C〕の間にはたらくクーロン力の大きさは

$$F = k \frac{|q_1 q_2|}{r^2} \quad \text{〔N〕}$$

で与えられる．ここで，$k = 9.0 \times 10^9\ \text{kg·m}^3/\text{A}^2\text{·s}^4$ である．± 1 C の電荷を 1 m 離しておいたときに働くクーロン力は何トンの物体を持ち上げる力と等しいか．

5-8. 無重量状態の宇宙船内でローソクを灯すとどのようになると予想されるか．

5-9. 2 人のテニス選手がテニスボールの打ち合い（ラリー）をしている．1 回のラリー中に，テニスボールが「いつ」「どのような」加速度をもつのか，全て説明せよ．空気の作用は無視する．

C

5-10. $x = r \cos\theta$, $y = r \sin\theta$, $z = k\theta$（r, k は正の定数）で表される軌道上を一定の速さで運動する質量 m の質点がある．

(a) 軌道はどのような形か．

(b) $\dfrac{\mathrm{d}\theta}{\mathrm{d}t} = \omega$ が定数である事を示し，質点の速さを求めよ．

(c) この質点に働く力を座標を用いて表せ．

5-11. x 軸上を，一定の加速度 α で運動する質量 m の質点がある．時刻 $t = 0$ での位置と速度は，それぞれ x_0, v_0 であった．

(a) 時刻 t での位置 x と速度 v を求めよ．

(b) t を消去して x と v の関係式を求めよ．

(c) $K = \dfrac{1}{2} m v^2$ とする．縦軸を K，横軸を x としてグラフを描くと直線となり，この直線の傾きが，質点に働く力 F を表すことを確かめよ．

(d) 加速度が変化する直線上の運動の場合，K–x グラフの接線の傾き $\dfrac{\mathrm{d}K}{\mathrm{d}x}$ が，その点で質点に働く力 F を表すことを，ニュートンの運動方程式を用いて示せ．

5-12. 空気の抵抗を考慮すると，投げ上げた物体が最高点に達するまでの時間と，そこから手もとに落下するまでの時間とでは，どちらが長いか．

5-13. 半径 a，質量 m の一様な球を，静止した状態から静かに落下させたところ，空気から粘性抵抗 $6\pi a \eta v$ を受けた．ここで，η は空気の粘性係数，v は落下の速さである．

(a) 鉛直下向きに x 軸をとり，重力加速度の大きさを g として，運動方程式を記せ．

(b) この球の速さはどのように変化すると考えられるか，運動方程式をもとに論ぜよ．

(c) 密度は同じで半径 a が 2 倍になると運動の様子はどう変わるか．

5-14. 空気の慣性抵抗の大きさ F は，$F = kSv^2$ と近似できる．ここで v は空気に対する相対速度の大きさ，S は空気の流れに垂直に当たる面積，比例定数 k はおよそ 0.25 kg/m^3 である．風速 50 m/s の風に向かって人が立っているとき，この人を縦 1.7 m，横 0.50 m の板とみなし，風から受ける力を求めよ．この風で質量（体重）がいくらまでの人が持ち上げられてしまうと考えられるか．

5-15. 点 O から，色々な向きにまっすぐで滑らかな斜面を作り，質点を静止の状態から滑らせる．滑り始めてから時間 T が経過したときの質点の位置は，斜面の向きや傾きに応じて変化するが，全てある球面の上となる．この球面の中心の位置と半径を求めよ．

5-16. 水平に x 軸，鉛直上向きに y 軸をとる．$y = \alpha x^2$ と表される滑らかな放物線上を，質量 m の小物体が，$(x_0, \alpha x_0{}^2)$ の点から静かに滑り落ちる．小物体に面から作用する力は，放物線の接線に垂直な向きである．この力の大きさを N とし，図を参考にして，以下の問に答えよ．図の θ は x における放物線の接線の傾きを表し，$\tan\theta = \dfrac{\mathrm{d}y}{\mathrm{d}x} = 2\alpha x$ である．また，

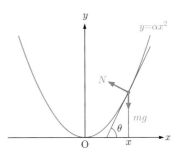

$$\tan\theta = \frac{\left(\frac{\mathrm{d}y}{\mathrm{d}t}\right)}{\left(\frac{\mathrm{d}x}{\mathrm{d}t}\right)} = \frac{v_y}{v_x}$$ と書き表すこともできる．

(a) 運動方程式を成分に分けて記せ．（θ を用いてよい.）
$E = \dfrac{1}{2}m\left(v_x{}^2 + v_y{}^2\right) + mgy$ と定義する．

(b) 運動方程式を用いて $\dfrac{\mathrm{d}E}{\mathrm{d}t} = 0$ となることを示せ．
E は小物体が運動している間一定の値となるが，運動が始まったときの状況から，その値は $mg\alpha x_0{}^2$ である．

(c) $v_y = \tan\theta\, v_x$ である事に注して，上で定義した E が $mg\alpha x_0{}^2$ に等しいことから，v_x を x を用いて表せ．

(d) 小物体の軌道が $y = \alpha x^2$ であることから，
$$\frac{\mathrm{d}v_y}{\mathrm{d}t} = 2\alpha v_x{}^2 + 2\alpha x\frac{\mathrm{d}v_x}{\mathrm{d}t}$$
となることを示せ．

(e) 運動方程式を用いて，N を x の関数として求めよ．但し，
$$\cos\theta = \frac{1}{\sqrt{1 + \tan^2\theta}}, \quad \sin\theta = \cos\theta\tan\theta$$
であることを用いて，θ を消去すること．（x を用いて表せ.）

(f) $x = 0$ のとき，$N = \left(1 + 4\alpha^2 x_0{}^2\right)mg$ となる．この値が mg より大きくなる理由を答えよ．

演習問題 6

A

6-1. 表 6.2，6.3 を用いて，

(a) 地球の平均密度を求めよ．

(b) 水の密度は 1.0×10^3 kg/m^3，岩石の密度は大きくても 3.0×10^3 kg/m^3 程度までである．このことから，地球の構造についてどんなことが推測できるか．

6-2. 表 6.1，6.2 を用いて，

(a) 北緯 30 度の地点で地球の自転による速さを求めよ．

(b) 地球の公転の速さを求めよ．

6-3. 等速円運動する物体の加速度の大きさは，円の半径を r，速さを v として $\dfrac{v^2}{r}$ となり，常に円の中心を向く．太陽の周りを回る地球の運動が，万有引力による等速円運動であると仮定する．前問の結果と表 6.1 を利用して，太陽の質量を推定し，表 6.3 の値と比較せよ．

6-4. 太陽を半径が 3 km になるまで圧縮すると，ブラックホールになる．このことを利用して，太陽の平均密度を求めよ．

B

6-5. 教科書の表 6.2 を参照して，

    (a) 太陽に最も近い恒星までの距離が，太陽直径の何倍に相当するか求めよ．

    (b) アンドロメダ銀河までの距離が，われわれの銀河系の直径の何倍か求め，上の値と比較せよ（恒星どうしの衝突は起こらないが，銀河どうしの衝突は起きる）．

6-6. a, b, x がいずれも長さを表すものとして，次の量，あるいは式のうち，物理的に意味のあるものと，そうでないものを区別せよ．

    1) $a^2 + bx$ 2) $a^3 + b^2 + x^3$ 3) $\cos(ax)$ 4) $\sin\left(\dfrac{x}{a}\right)$

    5) $\sin^{-1}(bx)$ 6) $\cos^{-1}\left(\dfrac{x}{b}\right)$ 7) e^{ab} 8) $e^{\frac{a}{b}}$

    9) $\displaystyle\int \dfrac{\mathrm{d}x}{x^2 + a^2} = \dfrac{1}{a}\tan^{-1}\left(\dfrac{x}{a}\right)$ 10) $\displaystyle\int \dfrac{\mathrm{d}x}{x} = \ln x$

6-7. かつて，1 kg は国際キログラム原器の質量と定められていた．しかし，空気中の有機物が付着したり，持ち運びのときにすり減ったりして，その質量は変化する．そこで，原子の数を数えて新しい 1 kg の定義を与える研究がなされた．具体的には「シリコン (Si) 原子 N 個の質量を 1 kg とする」と定義し，現在の 1 kg と整合性があるように N を測定して決めようというのである．Si の原子量はおよそ 28.09，アボガドロ定数はおよそ 6.022 $\times 10^{23}$ 個/mol であることを用い，1 kg 中の Si 原子の数を計算してみよ．

6-8. 水の波が伝わる速さ v〔m/s〕は，水深 h〔m〕に依存して変化する．重力が主に寄与すると考えると，重力加速度の大きさ g〔m/s^2〕にも依存すると思われる．v は，h, g とどのような関係にあるか決定せよ．

6-9. Big Bang 宇宙論では，一般相対性理論や量子論などが物理学的基盤となる．これらの理論には，万有引力定数 G〔N $\cdot$ m^2/kg^2〕，真空中の光の速さ c〔m/s〕，プランクの定数 h〔J $\cdot$ s〕が含まれる．〔J〕はエネルギーの単位で，〔N $\cdot$ m〕に等しい．これらの定数の値を調べ，生まれたときの宇宙の大きさ（長さ）と質量がどの程度であったかを，次元に着目して求めよ．

演習問題 7

A

7-1. 質量 m のボールを高さ h の位置から静かに落とした．鉛直上向きを y 軸の正の向き，ボールの速度を $v(t)$ として，以下の問いに答えよ．空気の抵抗は無視する．

(a) 座標軸とボールに作用する力の図を描き，速度を $v(t)$ を用いてボールの運動方程式を記せ．

(b) 運動方程式を 1 回積分して，$v(t)$ の一般解を求めよ．

(c) 時刻 $t = 0$ でボールが静止していたことを用いて積分定数 C_0 を決定し，t 秒後のボールの速度 $v(t)$ を求めよ．

(d) (c) の式をもう 1 回積分して，$y(t)$ の一般解を求めよ．

(e) 積分定数 C_1 を決定し，t 秒後のボールの高さ $y(t)$ を求めよ．

(f) ボールが地面に着く時刻 t_1 を求めよ．

(g) そのときの速度 v_1 を求めよ．

(h) ピサの斜塔の高さは 56 m である．屋上からボールを落としたとき，t_1 と v_1 を計算せよ．

7-2. 質量 m のボールを高さ h の位置から投げ上げた．鉛直上向きを y 軸の正の向き，ボールの速度を $v(t)$ として，以下の問いに答えよ．空気の抵抗は無視する．

(a) 座標軸とボールに作用する力の図を描き，速度を $v(t)$ を用いてボールの運動方程式を記せ．

(b) 運動方程式を 1 回積分して，$v(t)$ の一般解を求めよ．

(c) 時刻 $t = 0$ でのボールの初速度を v_0 として積分定数 C_0 を決定し，t 秒後のボールの速度 $v(t)$ を求めよ．

(d) (c) の式をもう 1 回積分して，$y(t)$ の一般解を求めよ．

(e) 積分定数 C_1 を決定し，t 秒後のボールの高さ $y(t)$ を求めよ．

(f) 投げ上げてから，再び高さが h になるときの時刻を求めよ．

(g) そのときの速度を求めよ．

7-3. 鉛直上向きを y 軸の正の向きとし，等加速度直線運動で成り立つ公式を用いてよい．

(a) 塔の上から小石を静かに落としたところ，2.0 s 後に地面に達した．塔の高さは何 m か．また，小石が地面に達する直前の速度は何 m/s か．

(b) 高さ 100 m の塔の上から，初速度 10 m/s で小石を鉛直下向きに投げ下ろした．3.0 s 後の小石の速度は何 m/s で，地面からの高さは何 m か．

(c) 京セラドーム大阪の天井の最高点の高さは 60 m である．この真下でボールを真上に打ったとき，ボールが天井に当たるためには初速度 v_0 は何 m/s 以上でなければならないか．ただし，空気抵抗を無視する．

7-4. ロケットが加速度 $2g$ で，1 分間真上に上昇してエンジンを停止させた．次の問いに答えよ．ただし空気抵抗は無視し，上空でも重力加速度は地表付近と同じだとする．また，鉛

直上向きを y 軸の正の向きとし，等加速度直線運動で成り立つ公式を用いてよい．

(a) エンジンを停止させたときのロケットの速度 v_1 と高さ h を求めよ．

(b) その後上昇し続けて最高点に到達したときのロケットの高さ H と，打ち上げてから経過した時間 t_2 を求めよ．

(c) ロケットが地表に落下する直前の速度 v_3 とロケットの全飛行時間 T を求めよ．

7-5. 以下の問いに答えよ．空気の抵抗は無視する．

(a) 十分に高いところから，水平方向に初速度 5.0 m/s で物体を投げたとき，2.0 s 後の水平到達距離と鉛直方向の落下距離はそれぞれ何 m か．

(b) 地面からの高さが 19.6 m のところから水平方向に初速度 10 m/s で物体を投げたとき，小石は何 s 後に地面に達するか．また，そのときの水平到達距離は何 m か．

(c) 物体を仰角 30° の向きに，初速度 20 m/s で投げた．このときの初速度の水平成分と鉛直成分はそれぞれ何 m/s か．

(d) 物体を地面から仰角 30° の向きに，初速度 29.4 m/s で投げた．地面に達するまでの時間は何 s か．また，そのときの水平到達距離は何 m か．

7-6. 海面上 19.6 m の高さで，水平方向（x 軸方向）に速さ 10 m/s で進むヘリコプターから，海面に救命具を落とす．乗組員は救命具を手からそっと離すだけで余計な初速度を与えないとする．原点は海水の表面で，救命具が放された真下にあり，鉛直上向きを y 軸の正の向きとする．空気の影響は考えない．

(a) 座標軸の図と救命具に作用する力の図を描き，救命具の運動方程式を書け．

(b) 落ち始めてから t〔s〕後の救命具の速度 $\boldsymbol{v}(t)$〔m/s〕を表わす式を求めよ．

(c) 落ち始めてから t〔s〕後の救命具の位置 $\boldsymbol{r}(t)$〔m〕を表わす式を求めよ．

(d) 救命具が海面に到着するのに要する時間，および，着水位置と着水時の速度を求めよ．

B

7-7. 地上 2.5 m のところで，テニスボールに水平に 30 m/s の速さを与えるサーブをした．ネットはサーブ地点から 12 m 離れており，その高さは 0.90 m である．

(a) ボールはネットを越えるか．

(b) ボールはサービス地点から何 m 離れたコート上で弾むか．空気の作用は無視する．

7-8. サッカーボールを地面から蹴り上げたところ，放物線を描いて 5.0 秒後に 40 m 離れた地面に落下した．サッカーボールの初速度の大きさと蹴り上げた角度を求めよ．また，最高点に達するのは何秒後か，そのときの高さはいくらかを求めよ（空気の作用は無視する）．

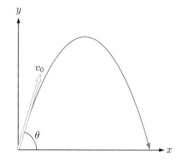

7-9. 一定の傾き θ の斜面上の一点から，斜面に対して角 α をなす向きに小石を投げ上げる．小石に与える初速度 v_0 を一定とし，空気の抵抗は無視する．

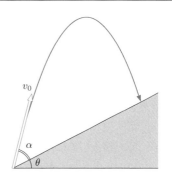

(a) 斜面上に落下するまでの時間 τ と落下点までの距離 ℓ を求めよ．

(b) ℓ の最大値とそのときの α を求めよ．また，この方向は幾何学的にはどんな特徴を持っているか述べよ．

(c) 斜面の下向きに投げる場合にはどうなるか考察せよ．

C

7-10. 2 人の学生が，天井の高さが H の長い廊下でキャッチボールをしている．ボールは h の高さから投げられ，同じ高さで捕球される．投げられるボールの最大の速さが v であるとすると，2 人の間隔 R は最大限いくらか．とくに，$H - h > \dfrac{v^2}{4g}$ ならば，$R = \dfrac{v^2}{g}$ となることを示せ．

7-11. 大砲を傾角 α で打つと，目的地より a 遠くの点に当たった．そこで傾角を β として打つと，今度は目的地より b 手前の点に当たった．目的地点に命中させるための傾角を γ として $\sin 2\gamma$ を求めよ．ただし，空気抵抗は無視せよ．

7-12. 水平な地面上の一点から質点を，初速度の大きさ v_0 で地面に対して角 θ の向きに投げ，X 離れた地点にある鉛直な壁に当てる．v_0 を一定に保って θ を変化させるとき，以下の問いに答えよ．空気の抵抗は無視する．

(a) 当たった点の高さ h を θ の関数として求めよ．

(b) h の最大値 Y とそのときの $\tan \theta$ を求めよ．また，X，Y の関係をグラフに示せ．

(c) 質点を投げ出す点から距離 x，高さ y の所に標的を設置した．質点を標的に当てることができるのは，x，y がどのような条件を満たすときか．

(d) 標的に当たるように投げ出す角を ϕ とする．$\tan \phi$ を x，y で表せ．

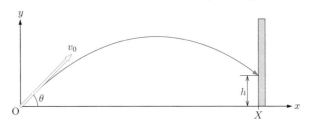

7-13. 水平な地面上の一点から質点を，初速度の大きさ v_0 で投げ，ℓ 離れた高さ h の壁を越えさせたい．空気抵抗は無視し，v_0 の最小値と投げ出す角を求めよ（前問の考察を参照せよ．）また，このとき投げ出す向きは，幾何学的にどんな特徴を持っているか述べよ．

7-14. 水平な地面上の一点 O の真上の高さ h の点から質点を，初速度の大きさ v_0，水平面に対して角 α 上向きに投げたところ，地上の点 P に落下した．空気の抵抗は無視する．

(a) OP 間の距離 L を求めよ．

(b) v_0 を一定に保つとき，L の最大値とそのときの $\tan \alpha$ を求めよ．

演習問題 8

A

8-1. 質量 m の一様な球を，地面からの高さ h の位置から鉛直上向きに初速度 v_0 で投げ上げた．球は空気から粘性抵抗 $-bv$ を受けるとする．ここで，b は定数，v は球の速度である．

(a) 図を描き，球にはたらく力を書き込め．

(b) 鉛直上向きを y 軸の正の向き，重力加速度の大きさを g として，v を用いて球の運動方程式を記せ．

(c) 運動方程式を 1 回積分して，速度 $v(t)$ の一般解を求めよ．

(d) 初期条件を考慮して，速度 $v(t)$ を求めよ．

(e) 十分に h が大きいとき，時間が経つにつれて球は一定の速度（終端速度）に近づく．(d) で求めた $v(t)$ において $t \to \infty$ にすることにより，終端速度 v_t を求めよ．

(f) 終端速度は運動方程式を用いても求めることができる．(b) の運動方程式から終端速度を求めて，問 (e) の答えと比較せよ．

(g) 問 (d) で求めた $v(t)$ の一般解をもう一度積分して，球の位置 $y(t)$ の解（積分定数を 1 個含む）を求めよ．

(h) 初期条件を考慮して，位置 $y(t)$ を求めよ．

(i) 空気抵抗がない場合と比較して，球の最高点はどのように変わるか．

(j) 空気抵抗がない場合と比較して，球の地面における速さはどのように変わるか．

8-2. (a) 霧の中にある半径 $r = 1.1 \times 10^{-3}$ cm の微小な雨滴が粘性抵抗 $F = -bv$ を受けながら，静止の状態から落下しはじめた．（落下中に雨滴の大きさは変化しないものとする）．雨滴の終端速度の大きさ $|v_t|$，および，雨滴の速度が v_t の $\left(1 - e^{-1}\right)$ 倍（=0.63 倍）になるまで時間 $\tau = m/b$ を計算せよ．ただし，雨滴は球形とする．この場合，$b = 6\pi\eta r$ と表される．η は空気の粘性係数で，$\eta = 2.0 \times 10^{-4}$ g/cm·s，水の密度を $\rho = 1.0$ g/cm^3 とする．

(b) 半径 $r = 4.0$ cm の木の球（密度 $\rho_1 = 0.80$ g/cm^3）が慣性抵抗 $\frac{1}{4}\rho\left(\pi r^2\right)v^2$ を受けて空気中を落下している．終端速度の大きさを求めよ．空気の密度を $\rho = 1.2$ kg/m^3 とする．

B

8-3. 質量 m の一様な球を，静かに落下させたところ，進行方向と逆向きに空気から大きさ $k_2 v^2$ の慣性抵抗を受けた．ここで，k_2 は正の定数，v は落下の速度である．

(a) 鉛直上向きを正の向き，重力加速度の大きさを g として，球の運動方程式を速度 $v(t)$ を用いて記せ．

(b) 運動方程式を 1 回積分して，速度 $v(t)$ を求めよ．

(c) 終端速度を求めよ．

C

8-4. 例題 8.1 で，速度に比例した抵抗力を $-m\beta v$ として，最高点に達するまでの時間 τ，その高さ H を求めよ．また，$\beta \to 0$ の極限で，これらの値と軌跡（軌道）を表す式が，重力だけが働くとして計算した結果と一致することを確かめよ．

8-5. 速度 v の 2 乗に比例した抵抗力が働き，その大きさが単位質量当たり kv^2 と表されるとき，地表から初速度の大きさ v_0 で真上に投げ上げられた質量 m の質点は，どこまで上昇するか，以下の手順で求めよ．

  (a) 鉛直上向きに x 軸をとり，運動方程式を速度 v を用いて書け．

  (b) $\dfrac{\mathrm{d}v}{\mathrm{d}t} = v\dfrac{\mathrm{d}v}{\mathrm{d}x}$ となることを示せ．

  (c) 例題 7.2 の手順を参考に，運動方程式を積分して v と x の関係を式で表せ．ただし，初期条件として，時刻 $t=0$ のとき $v=v_0$, $x=0$ とせよ．

  (d) $v=0$ となるときの x の値を求めよ．

8-6. 前問では，運動方程式を速度 v と高さ x の関係式に書き換えて積分し，v と x の関係を調べた．積分公式 $\displaystyle\int \dfrac{\mathrm{d}v}{v^2+a^2} = \dfrac{1}{a}\tan^{-1}\left(\dfrac{v}{a}\right)$ をもちいれば，運動方程式を積分して v と t の関係式を得ることができる．

  (a) 前問で最高点に達するまでの時間 τ を求めよ．

  (b) v_0 をいくら大きくしても，$\tau < \dfrac{\pi}{2\sqrt{kg}}$ であることを示せ．

8-7. 地表から高さ H の点から質量 m の質点を静かに落下させた．この質点には，単位質量当たり kv^2 の抵抗力が作用している．

  (a) 前々問を参考にして，高さ x と速さ v の関係を求め，地表に落下したときの速さ v_g と H の関係式を作れ．

  (b) この質点を地表から速さ v_0 で投げ上げた．地表に戻ってきたときの速さを求めよ．

8-8. 滑らかな水平面上で，質量 m の質点に初速度 v_0 を与える．この質点には，単位質量当たり kv^n の抵抗力が作用している．

  (a) 運動方程式を積分して，速度 v と時刻 t の関係式を求めよ．

  (b) 質点が有限の時間で止まるのは，n がどのような条件を満たすときかを調べよ．また，この条件が成立するとき，止まるまでの時間を求めよ．

  (c) $\dfrac{\mathrm{d}v}{\mathrm{d}t} = v\dfrac{\mathrm{d}v}{\mathrm{d}x}$ と書き直せることと用いて，速度 v とスタートからの変位 x の関係式を求めよ．

  (d) 質点が有限の変位で止まるのは，n がどのような条件を満たすときかを調べよ．また，この条件が成立するとき，止まるまでの変位を求めよ．

演習問題 9

A

9-1. 次の関数のグラフを描き，周期 $T\,[\mathsf{s}]$，振動数 $f\,[\mathsf{Hz}]$ および初期位相 $\delta\,[\mathsf{rad}]$ を求めよ．

  (a) $x = 10\sin 10t$ (b) $x = 20\sin 10\pi t$ (c) $x = 30\sin\left(10\pi t + \dfrac{\pi}{2}\right)$

9-2. 振動の表現に関して，次の問いに答えよ．

(a) $A\sin\omega t + B\cos\omega t = C\sin(\omega t + \delta)$ とおく．A, B を C, δ で表わせ．また，C, δ を A, B で表わせ．

(b) $x = C\sin(\omega t + \delta)$ ならば，$\dfrac{\mathrm{d}^2 x}{\mathrm{d} t^2} = -\omega^2 x$ であることを示せ．

(c) 微分方程式 $\dfrac{\mathrm{d}^2 x}{\mathrm{d} t^2} = -kx$ の解として $x = C\sin(\beta t + \delta)$ の形を予想し，定数 C, δ, β を定めることを試みよ．

(d) 定数 C, δ は自由に選べる．これらを決めるには何を指定すればよいか．

9-3. 単振動に関する，以下の問いに答えよ．

(a) 変位 x〔m〕と時刻 t〔s〕との関係が $x = 4\sin\dfrac{\pi}{6}t$ で表される単振動の振幅 A〔m〕，角振動数 ω〔rad/s〕，周期 T〔s〕を求めよ．

(b) (a) において，時刻が $t = 1\,\mathrm{s}$ のときの変位 x〔m〕を求めよ．

(c) 変位 x〔m〕と時刻 t〔s〕との関係が $x = 3\sin\pi t$ で表される単振動をしている物体がある．時刻 t における物体の速度 v〔m/s〕を表す式を書け．

(d) (c) において，時刻が $t = \dfrac{1}{3}\,\mathrm{s}$ のときの速度は何〔m/s〕か．

(e) 角振動数が $2\,\mathrm{rad/s}$ の単振動をしている質量 $1\,\mathrm{kg}$ の物体がある．変位が $0.2\,\mathrm{m}$ のときの加速度の大きさは何 $\mathrm{m/s^2}$ か．また，物体にはたらく力の大きさは何 N か．

(f) ばねにつながれて単振動している物体がある．ばねが一番縮んだときの物体の位置を A，自然長のときを B，一番伸びたときを C とする．このとき，以下の位置を A, B, C から選べ．

　　(i) 物体の速さが最大になる位置

　　(ii) 物体の速さが 0 になる位置

　　(iii) 物体の加速度の大きさが最大になる位置

　　(iv) 物体の加速度の大きさが 0 になる位置

B

9-4. 図のように，滑らかな水平面上に，一端を固定したばね定数 k の軽いばねがあり，他端に質量 m の大きさを無視できる小球 A を取り付ける．ばねが自然長のときの A の位置を原点として右向きに x 軸をとる．

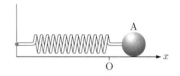

以下の 2 つの場合について，A の位置を時刻 t の関数として求め，縦軸 x，横軸 t のグラフに表せ．ただし，ばねから A に働く力は，常にフックの法則に従うものとする．

　　① ばねを a だけ引き延ばして A を静止させ，$t = 0$ に静かに離す．

　　② ばねが自然長の状態で A を静止させ，$t = 0$ に瞬間的に右向きの速度（大きさ v_0）を与える．

9-5. 前問で，$x = a/2$ の所に壁を作り，ばねを a だけ縮めて A を静止させ，静かに離した．A が衝突するまでの時間と，衝突するときの速度を求めよ．

C

9-6. ばね定数が k のばねの一端を固定して鉛直に吊るし，ばねの下端に質量 m のおもりをつける．ばねが自然長のときのおもりの位置を原点とし，鉛直上向きに x 軸をとる．

   (a)　運動方程式を書け．

   (b)　おもりのつり合いの位置を求めよ．

   このおもりをつりあいの位置からさらに下に距離 a だけ引き下げてそっと離すと，おもりは単振動をする．

   (c)　振動の中心と周期を求め，図示せよ．ただし，おもりが天井にぶつかることはないものとする．

9-7. 前問で，ばねの代わりにゴムひもを用いた．ゴムひもは x だけ引き延ばされたとき，ばね定数 k のばねと同様，大きさ kx の復元力を発生するが，縮んだときには力を及ぼさない．前問同様，おもりをつりあいの位置からさらに下に距離 a だけ引き下げ，そっと放した．

   (a)　おもりの運動がばねと同じになるための a に対する条件を求めよ．

   (b)　この条件が破れると，周期はばねのときに比べてどうなるか，理由を付けて述べよ．

   (c)　$a = 2mg/k$ のとき，周期を求めよ．また，ばねとの違いがわかるように運動の 1 周期分を x–t のグラフに描け．

9-8. 図のように，水平に対して角 θ をなす滑らかな斜面上の点 P に，自然長 ℓ_0 の軽いばねの一端を固定し，他端に質量 m の小物体 A を取り付ける．A のつりあいの位置を原点とし，斜面に沿って下向きに x 軸をとる．重力加速度の大きさを g とし，A の大きさは無視する．

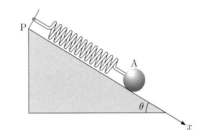

   (a)　A が静止したとき，ばねの長さは ℓ であった．ばね定数を求めよ．

   (b)　つりあいの位置から A を a だけ斜面に沿って引き下げ，静かに離したところ，単振動を始めた．周期はいくらか．

   (c)　A の速さの最大値とそのときの x 座標の値を求めよ．

   (d)　A の位置 x と速度 v の関係を求め，x–v のグラフを描け．ただし，速度の正の向きは，x の正の向きとする．

9-9. 図のように長さ ℓ の糸を張力 T で強く張り，糸の両端 A, B は固定しておく．糸の中点 O に質量 m の小さなおもりをつけ，糸に垂直な方向に振動させた．図の θ が微小なとき，張力 T は一定と見なせる．その振動の様子を調べよ（$\sin\theta \fallingdotseq \tan\theta$ とせよ）．

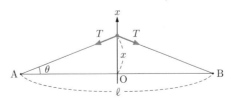

9-10. 前問で，おもりの位置を O から A の方へ a ずらすと，振動の様子はどのように変わるか考察せよ．

演習問題 10

A

10-1. (a) 式 (10.13) で表される減衰振動の速度 $v(t)$ を求めよ.

(b) 一定の時間間隔 $\dfrac{T_d}{2}$ で $v(t) = 0$ となることを示せ.

10-2. 減衰振動で時間が T_d 経過すると, 変位 $x(t)$ が $\exp\left(-\dfrac{T_d}{\tau_d}\right)$ 倍となることを示せ.

B

10-3. ばね定数 k_1, k_2, 自然長 ℓ_1, ℓ_2 の 2 本のばねにつながれた質量 m の 質点の振動の周期を, 図の (1) ～ (3) の場合について求めよ.

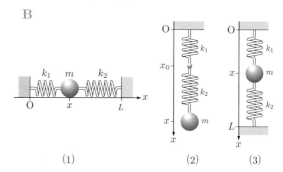

(1)　　　　　(2)　　　(3)

(a) それぞれの場合の運動方程式 を書け (ただし, (2) では 2 つ のばねのつなぎ目の座標を x_0 とし, ここで 2 つのばねの力がつりあうことを用いて x と x_0 の関係を決めよ).

(b) それぞれの場合のつりあいの位置 $\bar{x}$ を求めよ.

(c) $X = x - \bar{x}$ として X の満たす方程式を求めよ.

(d) それぞれの場合の周期を求めよ.

10-4. 水平面上に, 一端を固定したばね定数 k の軽いばねが あり, 他端に質量 m の大きさを無視できる小球を取 り付ける. 小球は水平面から常に一定の摩擦力 F を 受けている (摩擦力の向きは運動方向の逆). ばねが自然長のときの小球の位置を原点と して右向きに x 軸をとる. ばねを A_0 だけ引き延ばして小球を静止させ, $t = 0$ に静かに 離した. このとき以下の問いに答えよ. ただし, ばねから小球にはたらく力は, 常にフッ クの法則にしたがうものとする.

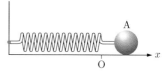

(a) 小球が負の向きに進んでいるときの運動方程式を書け.

(b) $\omega = \sqrt{\dfrac{k}{m}}$, $\ell = \dfrac{F}{k}$ として, (a) の運動方程式を解いて, 一般解を求めよ.

(c) 初期条件を用いて積分定数を決定し, 解を求めよ.

(d) 最初に左端で止まったときの位置 A_1 とその時刻 t_1 を求めよ.

(e) 小球が正の方向に進んでいるときの運動方程式を書け.

(f) (e) の運動方程式を解いて, 一般解を求めよ.

(g) 積分定数を決定して, 解を求めよ

(h) 最初に左端で止まった後, 次に右端で止まったときの位置 A_2 とその時刻 t_2 を求めよ.

(i) 運動の周期 T を求め, 摩擦がない場合と比較せよ.

(j) いずれ, 小球は静止する. 何回目に止まったときかを決める条件を求めよ.

(k) 以上を参考にして時刻 t における小球の位置 $x(t)$ を縦軸 x, 横軸 t のグラフに表せ.

C

10-5. 図のように，水平に固定された滑らかな棒に沿って，自由に運動できる質量 m の小物体 P がある．この小物体 P に，自然長 ℓ，ばね定数 k の軽いばねの一端を取り付け，他端を棒からの距離が a の点 A に固定した．A から棒におろした垂線の足を原点 O とし，棒に沿って x 軸をとる．以下では，ばねは圧縮されても曲がらず，常にまっすぐな状態を保つものとし，小物体 P にはたらく力の x 成分を f とする．

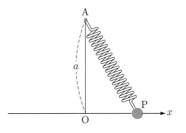

(a) f を x の関数として求めよ．

(b) $f = 0$ となる点の座標を x_0 とする．原点以外に $f = 0$ となる点が存在するための条件を述べ，そのときの x_0 の値（0 でないもの）を求めよ．

(c) f を x の関数とみてその概形をグラフに描け．

(d) $f = 0$ となるのが原点だけのとき，小物体 P を原点から a と比べて微小な距離 d だけ離れた点に静止させ，静かに手を離したところ，単振動を行った．$\dfrac{x^2}{a^2}$ を無視する近似で，その周期を求めよ．

(e) 原点以外に $f = 0$ となる点が存在するときは，前問の初期条件のもとで，どのような運動が起きると考えられるか，f のグラフをもとに考察せよ．

10-6. 自然長 ℓ，ばね定数 k の軽いばねの下端に質量 m の小さなおもりを付け，上端を $a \sin \omega_0 t$ で上下に振動させた．ここで，ω_0 は定数で $\omega = \sqrt{\dfrac{k}{m}}$ とは等しくないとする．図のように，鉛直下向きに x 軸をとる．このとき，ばねの長さは $x - a \sin \omega_0 t$ となる．

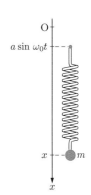

(a) 運動方程式を書け．

(b) ばねの上端を原点に固定したときのつりあいの位置を x_0 とする．x_0 を求め，$y = x - x_0$ とおいて，y に関する方程式を導け．

(c) この方程式は，非斉次線形常微分方程式である．特解を 1 つ求めよ．

(d) x の一般解を求めよ．

(e) 初期条件を $t = 0$ で $x = x_0$，$\dfrac{dx}{dt} = 0$ とする．このときの質点の運動を求めよ．特に，$\omega_0 \gg \omega$ の場合と，$\omega_0 \fallingdotseq \omega$ の場合の特徴を述べよ．

10-7. 密度の分布が球対称（中心からみて全ての方向が同じ）な場合，球の中心から距離 r の地点にある物体に作用する万有引力は，球の中心から半径 r の球面内にある全質量 $M(r)$ が球の中心に集まったときの万有引力と等しいことが示される．地球の中心を通るまっすぐな穴を開けられたとして，一方の入り口から質量 m の質点を静かに落としたとする．地球を半径 R，質量 M の一様な球と仮定し，万有引力定数を G，地表における重力加速度の大きさを g とする．また，重力以外の力は作用しないとする．

(a) $M(r)$ を求めよ．

(b) 質点が地球の中心から距離 r にあるとき，加速度の大きさを g を用いて表し，その

向きを答えよ.

(c) 地球の中心を通過するときの速さと,穴の反対側に来るまでの時間を求めよ.

(d) 穴が図の AB のように地球の中心を通らない場合,上で求めた時間はどう変わるか.

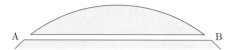

10-8. 質量 m の小物体 2 個を長さ ℓ の軽い糸で結び,更に同じ糸で小物体の一方を天井からつるして,鉛直面内で微小振動させた.右図を参考にして,以下の手順に従って 2 個の小物体の運動を調べよ.

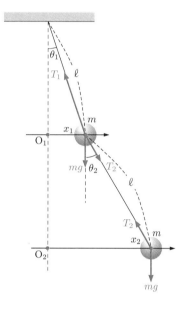

微小振動を扱うときは,糸の振れ角 θ_1, θ_2 の 2 次の項を無視し,$\sin\theta_i \fallingdotseq \theta_i$, $\cos\theta_i \fallingdotseq 1$ $(i=1,2)$ とする.2 個の小物体の釣り合いの位置を O_1, O_2 とし,そこから水平方向の変位を右向きを正として,x_1, x_2 とする.$x_1 = \ell\sin\theta_1 \fallingdotseq \ell\theta_1$, $x_2 = x_1 + \ell\sin\theta_2 \fallingdotseq \ell(\theta_1+\theta_2)$ である.また,鉛直方向の力の釣り合いから,糸の張力は $T_1 = 2mg$, $T_2 = mg$ となる.

(a) 微小振動では,鉛直方向の運動が無視できる理由を説明せよ.

(b) 2 つの質点の方程式をかけ.

(c) θ_2 を消去して θ_1 が満たす 4 階の微分方程式を作ると,$\dfrac{g}{\ell} = \omega_0{}^2$ と置いて,以下の式になることを示せ.

$$\frac{\mathrm{d}^4\theta_1}{\mathrm{d}t^4} + 4\omega_0{}^2 \frac{\mathrm{d}^2\theta_1}{\mathrm{d}t^2} + 2\omega_0{}^4\theta_1 = 0$$

(d) $\theta_1 = e^{\lambda t}$ と仮定して特性方程式から λ を求めると,次の 4 つの解が得られることを示せ.

$$\pm i\sqrt{2-\sqrt{2}}\,\omega_0, \quad \pm i\sqrt{2+\sqrt{2}}\,\omega_0$$

(e) θ_1 の一般解を実数のかたちに書くと,$\sqrt{2-\sqrt{2}}\,\omega_0 = \omega_1$, $\sqrt{2+\sqrt{2}}\,\omega_0 = \omega_2$ とし,A, B, C, D を任意の定数として,

$$\theta_1 = A\cos\omega_1 t + B\sin\omega_1 t + C\cos\omega_2 t + D\sin\omega_2 t$$

となる.運動方程式より,θ_2 を求めよ.

(f) $x_1 = x_2 = a$ の位置に小物体を静止させ,静かに運動を始めさせた.x_1, x_2 を時刻 t の関数として求めよ.

演習問題 11

A

11-1. 次の運動物体の運動エネルギーを求めよ.

(a) 速さ 40 m/s で投げられた質量 150 g のボール

(b) 時速 108 km で走っている質量 1000 kg の自動車

(c) 平均風速 60 m/s の風の中の体積 1 m^3 の空気 (密度 1.2 kg/m^3)

(d) 速さ 480 m/s で飛ぶ酸素分子 (質量 5.3×10^{-26} kg)

(e) 速さ 3.0×10^7 m/s で飛ぶ電子 (質量 9.1×10^{-31} kg)

11-2. 静止していた質量 $m = 10$ kg の物体に, 大きさ $F = 10$ N の一定の力を作用させた. この物体の進む向きを x 軸の正の向きとする.

(a) 物体の速度 v を用いて運動方程式を書け.

(b) 運動を始めてから 10 s 後の物体の速度および位置を求めよ.

(c) 10 s 間に力が行う仕事, および 10 s 後の物体の運動エネルギーを求めよ.

11-3. 高さ h 〔m〕の位置から自由落下する質量 m 〔kg〕の物体がある. 重力加速度の大きさを g 〔m/s^2〕とする. 地面を原点とし, 鉛直上向きに y 軸をとる.

(a) 物体が地面に着くまでに重力が行う仕事 W 〔J〕を求めよ.

(b) 運動方程式から, 時刻 t 〔s〕での物体の速度 v 〔m/s〕, および位置 y 〔m〕を求めよ.

(c) 物体が地面に着くまでの時間 t 〔s〕, およびその直前の速度 v 〔m/s〕を求めよ.

(d) 物体が地面に着く直前の運動エネルギー K 〔J〕を求めよ.

11-4. 質量 20 kg のカーリングのストーンを水平な氷面上で初速度 3.0 m/s で滑らせたところ, 摩擦力によって一様に減速し, 20 s 後に静止した. ストーンの進む向きに x 軸をとる.

(a) 物体の始めの運動エネルギー K 〔J〕を求めよ.

(b) 物体の加速度および氷面から物体に作用する摩擦力を求めよ.

(c) 時刻 t 〔s〕での物体の速度 v 〔m/s〕, および位置 x 〔m〕を求めよ.

(d) 物体が静止するまでに進む距離を求めよ.

(e) 物体が静止するまでに摩擦力が行う仕事 W 〔J〕を求めよ.

11-5. 次の (a)~(d) の各場合に力 ((c), (d) では重力) が行った仕事 W 〔J〕を求めよ.

(a) ボールに大きさ 50 N の力が作用し, ボールは力の方向に 2.0 m 移動した.

(b) 運動していた物体に速度と反対方向に大きさ 300 N の力が作用し, 物体は 20 m 移動したところで静止した.

(c) 質量 0.3 kg のリンゴがひとりでに枝から離れて, 2.5 m 下の地面に落ちた.

(d) 質量 0.15 kg のボールが打撃位置から真上に 30 m の高さまで上がった.

11-6. 体重が 65 kgw (質量が 65 kg) の人が, 4.0 m の階段を 2.0 秒で駆け上がった.

(a) この人がした仕事はいくらか.   (b) (平均の) 仕事率はいくらか.

11-7. 144 km/h のボールをキャッチャーが捕球した. その際, キャッチャーはミットを 20 cm 手前へ引いた. ボールの質量は 150 g である. ミットに作用する平均の力を求めよ.

B

11-8. 水平な面上を質量 5 kg の質点が，速さ 9.8 m/s で滑り出した．動摩擦係数は 0.2 である．

    (a) この質点が止まるまでに滑る距離を求めよ．

    (b) この質点の速度を維持するために必要な仕事率を求めよ．

11-9. 次の 1 次元運動の場合に，力 F が行う仕事 W を仕事の定義にしたがって計算せよ．

    (a) 重力に逆らって質量 m の物体を $y = 0$ から y まで持ち上げた．

    (b) 重力に逆らって質量 10 kg の物体を高さ 1.0 m から 5.0 m まで持ち上げた．

    (c) ばね定数 k のばねの力に逆らってばねを自然長 $x = 0$ から x まで伸ばした．

    (d) ばね定数 5 N/m のばねの力に逆らってばねを自然長から 10 cm 伸ばした．

    (e) 力 $F = cx^2$ (c は定数) を作用させ，物体を $x = x_0$ から x_1 まで移動させた．

11-10. 次の場合に，力 $\boldsymbol{F}$ 〔N〕が行う仕事 W 〔J〕を計算せよ．$\boldsymbol{F}, \Delta \boldsymbol{r}$ の図を描くこと．

    (a) $\boldsymbol{F} = 3\boldsymbol{i} - 4\boldsymbol{j}$ 〔N〕を受ける質点が，直線的に $\Delta \boldsymbol{r} = 12\boldsymbol{i} + 5\boldsymbol{j}$ 〔m〕変位する．

    (b) $\boldsymbol{F} = -8\boldsymbol{k}$ 〔N〕を受ける質点が，位置 $\boldsymbol{r}_\mathrm{A} = 6\boldsymbol{k}$ m から $\boldsymbol{r}_\mathrm{B} = 8\boldsymbol{i}$ m まで直線的に変位する．

11-11. 地球の大気圏外で太陽の方向に垂直な面積 1 m^2 の面が 1 s に受ける太陽の放射エネルギーは 1.37×10^3 W/m^2 である．これを太陽定数という．効率 10 % の太陽電池を使って 1 kW の電力を作るには少なくとも何 m^2 の太陽電池が必要か．

11-12. 人間は毎日約 2500 kcal のエネルギーを食物から摂取するとして，このエネルギーがすべて仕事になるとすれば，人間の仕事率は何 W か．1 cal $= 4.2$ J とせよ．

11-13. 60 kg の人が 3000 m の高さの山に登る．

    (a) 自分の身体を山頂に持ち上げるためにする仕事はいくらか．

    (b) 1 kg の脂肪はおよそ 3.8×10^7 J のエネルギーを供給するが，この人が 20 % の効率で脂肪のエネルギーを仕事に変えるとすると，この登山でどれだけ脂肪を減らせるか．

11-14. 図 (a) のように，滑らかな水平面上を速さ v で運動してきた質量 m の小物体 A は，左端を固定された物体 B$_i$ ($i = 1, 2, 3$) と $x = p$ で衝突を始め，$x = q_i$ まで B$_i$ を圧縮した後に押し返され，$x = p$ で衝突を終えて B$_i$ から離れて速さ v_i で運動した．物体 B$_i$ は材質が異なり，A が B から受ける力 F_i は，図 (b)〜(d) のようであった．$\dfrac{v_i}{v}$ を求めよ．

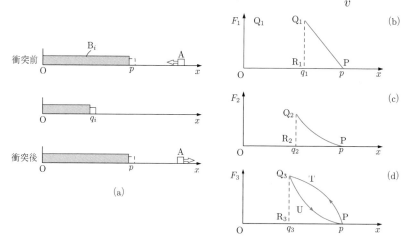

C

11-15. 質量 m の質点を，水平な地面から高さ h の位置から，速さ v_0 で水平面から上方へ角 α で投げた．重力が質点にした仕事と，質点の運動エネルギーの関係に着目し，以下の問に答えよ．但し，空気抵抗は無視し，地面は水平であるとする．

    (a) 質点が達する最高点の高さを求めよ．

    (b) 質点が地面に落下するときの速さを求めよ．

    (c) 質点が地面に落下するとき，速度が地面となす角を θ とする．$\tan\theta$ を求めよ．

11-16. ばね定数 k の軽いばねの一端を天井に固定し，他端に質量 m のおもりを付ける．ばねが自然長になる点におもりを支え，静かに放したところ，おもりは鉛直方向に振動した．3つの物理量，(i) ばねの弾性力がおもりにした仕事，(ii) 重力がおもりにした仕事，(iii) おもりの運動エネルギー，の関係に着目し，以下の問に答えよ．

    (a) 振動の振幅を求めよ．

    (b) 振動の中心はどこか求めよ．

    (c) おもりが振動の中心を通過するときの速さを求めよ．

    (d) このばねを壁に取り付け，おもりを滑らかな水平面上で同じ振幅で振動させたとき，(b) と (c) はどうなるか答えよ．

11-17. 水平で滑らかな平面に穴を空け，しなやかに曲がり一様な密度 ρ を持つ鎖の一部を穴から垂らし，机の上に残った部分は穴からまっすぐ伸ばして端を固定して静止させた．その後，端を静かにはなしたところ，机の上の鎖は穴からまっすぐ伸びた状態を保ったまま，各部分が同じ速さで移動して行った．鎖の全長は L で，穴から垂れ下がっている部分の長さは，はじめ ℓ_0 であった．穴から鉛直下向きに y 軸をとり，穴の位置を原点とする．垂れ下がった鎖の先端の位置を y とし，重力加速度の大きさを g として，以下の問に答えよ．

    (a) 鎖全体を質量 ρL の質点と見立てて，運動方程式を書け．

    (b) 運動方程式を解き，鎖の先端の位置 $y(t)$ 及び速度 $v(t) = \dfrac{\mathrm{d}y}{\mathrm{d}t}$ を求めよ．

    (c) 鎖の上端が穴をすり抜ける時刻 τ を求めよ．

    (d) $v(\tau)$ を求めよ．

    (e) 重力がした仕事が鎖の運動エネルギーに変わるとして $v(\tau)$ を求め，上の結果と一致することを確認せよ．

演習問題 12

A

12-1. 次の各場合のポテンシャルエネルギーを計算せよ．｛ ｝を基準点とする．

    (a) 高さ 20 m のところを斜めに飛んでいる質量 150 g のボール ｛グラウンド｝

    (b) 平均の高さ 50 m のダムにある 100 万トンの水 ｛ダムの下の水力発電所｝

    (c) 高さ 8849 m のエベレスト山頂に立つ体重 60 kg の人 ｛海面｝

    (d) 高度 10 km のところにある質量 5.3×10^{-26} kg の酸素分子 ｛海面｝

12-2. 高さ h〔m〕の位置から自由落下を始めた質量 m〔kg〕の物体がある．重力加速度の大きさを g〔m/s^2〕とする．地面に原点をとり，鉛直上方を y 軸の正の方向とする．

(a) 物体の位置が y〔m〕になるまでに重力が行う仕事 W〔J〕を求めよ．

(b) 位置が y〔m〕のときの物体の運動エネルギー K〔J〕を求めよ．

(c) 物体が地面に着くまでの間 $K + U =$ 一定であることを示せ．$U = mgy$ はポテンシャルエネルギーである．

12-3. (a) ばね定数が $800\,\text{N/m}$ のばねがある．このばねの伸びが $0.20\,\text{m}$ のとき，ばねに蓄えられるポテンシャルエネルギーをを求めよ．自然長を基準点とする．

(b) 自然長の長さ $60\,\text{cm}$，ばね定数 $4.0\,\text{N/m}$ のばねの全長を $80\,\text{cm}$ に伸ばしたときと，$90\,\text{cm}$ に伸ばしたときのポテンシャルエネルギーの差を求めよ．

12-4. ポテンシャルエネルギー U は，一般に，「位置」を示す座標の関数になっている．U から力 $\boldsymbol{F}$ を求める確実な方法は「U を座標の変数で微分して符号を変える」ことである．実際に，この計算で力 $\boldsymbol{F}$ を表わす式が得られることを次の各場合で確認せよ．空間で，位置の関数 U が減少する方向がその位置での力 $\boldsymbol{F}$ の方向に一致していることも確認すること．

(a) $U = mgy$：地上 y の高さにある質量 m の物体

(b) $U = \dfrac{1}{2}kx^2$：ばね定数 k のばねが x 伸びた状態

(c) $U = -\dfrac{GMm}{r}$：地球の重心から r の距離にある質量 m の物体

(d) $U = \dfrac{1}{4\pi\varepsilon_0}\dfrac{q_1 q_2}{r}$：距離 r 離れた電気量 q_1 と q_2 の電荷間のクーロン力．ここで，ε_0 は真空の誘電率で $\dfrac{1}{4\pi\varepsilon_0} = 9 \times 10^9\,\text{N·m}^2/\text{C}^2$ である．

12-5. 長さ $3.2\,\text{m}$ の軽くて伸びない糸の一端を天井に固定し，他端に質量 $2.5\,\text{kg}$ のおもりをつける．糸が鉛直線より $60°$ をなす位置までおもりを持ち上げて，静かにはなす．

(a) はなした後におもりには重力と糸の張力（糸が引く力）が働く．おもりが最下点にくるまでにこれらの力がする仕事を求めよ．

(b) おもりを静かにはなした直後，おもりがもっている運動エネルギー，および重力によるポテンシャルエネルギーを求めよ．ただし，最下点を基準点とする．

(c) 最下点でのおもりの速さを求めよ．

(d) 最下点を通過してから，おもりが達する最高点の最下点からの高さを求めよ．

12-6. 滑らかな水平面上で，ばね定数 $8.0\,\text{N/m}$ の軽いばねの一端を固定し，他端に質量 $2.0\,\text{kg}$ の物体を取り付ける．ばねを自然長より $0.50\,\text{m}$ だけ引っ張ってはなした．

(a) ばねが自然長になったときの物体の速さを求めよ．

(b) ばねが自然長より $0.30\,\text{m}$ だけ伸びたところを通過する瞬間の物体の速さを求めよ．

12-7. 宇宙ロケットが鉛直に上昇し，地球の半径 R〔m〕の 2 倍の $2R$〔m〕（地表からは R〔m〕の点）にある点 C まで上がったところでエンジンの噴射を止め，以後，直線的に慣性飛行を続けるとする．噴射を止めたときのロケットの質量を m〔kg〕，速さを v〔m/s〕，重力加速度の大きさを g〔m/s^2〕とする．

(a) 点 C でのロケットのポテンシャルエネルギーを求めよ．無限遠方を基準点とする．

(b) このロケットが地球の引力を振り切るための v〔m/s〕の下限を求めよ（無限遠方に

行っても，なおも運動エネルギーを持つようにする）．

(c)　$R = 6.4 \times 10^6$ m として v の値を求めよ．

B

12-8.　x 軸方向にのみ運動する質量 m の質点を考える．以下の問いに答えよ．

(a)　質点に外力 F がはたらいて仕事 W をした．この間に質点は x_0 から x_1 まで動き，速度は v_0 から v_1 に変化した．このとき，仕事 W は質点の運動エネルギーの変化 $K_1 - K_0$ と等しくなることを，ニュートンの運動方程式 $m\dfrac{\mathrm{d}v}{\mathrm{d}t} = F$ を用いて示せ．

(b)　(a) の外力 F が保存力であり，ポテンシャルエネルギー（位置エネルギー）$U(x)$ を用いて $F = -\dfrac{\mathrm{d}U}{\mathrm{d}x}$ と表されるとき，質点の力学的エネルギー $E = K + U$ が保存することを示せ．

12-9.　那智の滝の高さは 133 m で，平均水流は 1.0×10^3 kg/s（1 秒あたり 1 トン）である．

(a)　滝の上と下とでの水温の差は何 °C か．ただし，1 g の水を 1°C 温めるのに，約 4.2 J 必要とする．

(b)　水の約 20 % が水力発電に用いられるとして，発電所の出力電力を求めよ．

12-10.　(a)　重力が保存力であることを示せ．

(b)　物体が閉じた曲線 Γ に沿って 1 周するときに保存力 $\boldsymbol{F}$ のする仕事は 0, 即ち

$$\oint_{\Gamma} \boldsymbol{F} \cdot \mathrm{d}\boldsymbol{r} = 0$$

であることを示せ．

12-11.　万有引力のポテンシャルエネルギーは $U = -\dfrac{GMm}{r}$ であることを次の方法で示せ．$r = |\boldsymbol{r}| = \sqrt{x^2 + y^2 + z^2}$ である．

(a)　U を r で微分して符号を変えると，万有引力の r 成分 F_r を表わすことを示せ．

(b)　U を x で偏微分した式 $\dfrac{\partial U}{\partial x}$ を求めよ．同様に，$\dfrac{\partial U}{\partial y}$, $\dfrac{\partial U}{\partial z}$ を求めよ．

(c)　$-\dfrac{\partial U}{\partial x}$ は万有引力の x 成分 F_x を表わしていることを説明せよ．

(d)　$\mathrm{d}U = \dfrac{\partial U}{\partial x}\mathrm{d}x + \dfrac{\partial U}{\partial y}\mathrm{d}y + \dfrac{\partial U}{\partial z}\mathrm{d}z$ を U の全微分という．$-\mathrm{d}U$ は万有引力 $\boldsymbol{F}$ が微小変位 $\mathrm{d}\boldsymbol{r}$ の間で行う微小仕事 $\mathrm{d}W$ を表わしていることを説明せよ．

12-12.　図のような傾きの斜面 PQ 間をスキーヤーが初速度ゼロから自然に滑降する場合を考える．人とスキーを合わせた質量を 60 kg とする．

(a)　P 点でのスキーヤーのポテンシャルエネルギーを求めよ．Q 点を基準とする．

(b)　雪面とスキーの間の摩擦力を無視した場合の Q 点でのスキーヤーの速さを求めよ．

(c)　雪面とスキーの間に 20 N の摩擦力がある場合に摩擦力が行う仕事を求めよ．

(d)　上の (c) の場合に Q 点でのスキーヤーの運動エネルギーおよび速さを求めよ．

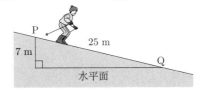

12-13. 質量 m の粒子が，図のようなポテンシャルエネルギーで束縛されている．粒子の持つ力学的エネルギーが $E = 3U/2$ とする．左端を原点 O とし，右向きに x 軸をとる.

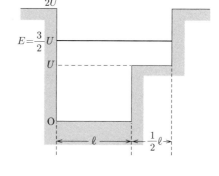

(a) 粒子が左側（$0 < x < \ell$）にあるとき，粒子の運動エネルギーを求めよ.

(b) そのときの粒子の速さを求めよ.

(c) 粒子が $x = 0$ から $x = \ell$ まで到達するのにかかる時間を求めよ.

(d) 粒子が 1 往復するのにかかる時間を求めよ.

12-14. 質量が太陽の質量（$2.0 \times 10^{30}\,\mathrm{kg}$）の 2 倍，密度が太陽の密度の約 10^{15} 倍（$R \approx 9.0\,\mathrm{km}$）の中性子星の表面からの脱出速度を求めよ.

12-15. 次の議論は正しいか？

ばねの一端に質量 m のおもりをつけ，他端を持って鉛直に静かに吊す．ばねは，おもりに作用する重力 mg のために伸びるであろう．ばねの伸びを y とすると，おもりは重力によるポテンシャルエネルギー（位置エネルギー）mgy を失い，ばねがこれと等しいポテンシャルエネルギー $\frac{1}{2}ky^2$ になったとき，おもりは平衡状態に達する．従って，釣り合うときのばねの伸びは，$mgy = \frac{1}{2}ky^2$ より，$y = \dfrac{2mg}{k}$ である.

12-16. ロケットを地表から真上に向けて速さ v_0 で打ち出した．ロケットはどこまで上昇するか.

C

12-17. 地表近くを周回する人工衛星には，希薄ながらも存在する空気による抵抗力が作用する．質量 m の人工衛星が半径 r 円軌道を描いているとして，抵抗によって，人工衛星の速さ v，および角速度の大きさ ω はそれぞれ増加するか，減少するか，理由を付して答えよ.

12-18. 自然長 ℓ，ばね定数 k のばねの一端を点 O に固定し，他端に質量 m の質点を付けた．図のようにばねが自然長のまま水平になるように質点を持ち上げて静かに放した．ばねは，質点が落下するにつれて，撓むことなくまっすぐな状態を保ったまま伸びていき，点 O の真下の点で伸びが最大になった．このときのばねの伸びを $\Delta\ell$ とする．以下では，重力加速度の大きさを g とする．また，微少量を ε とし，ε^2 を無視する近似で，$(1+\varepsilon)^\alpha \fallingdotseq 1 + \alpha\varepsilon$ となることを用いよ.

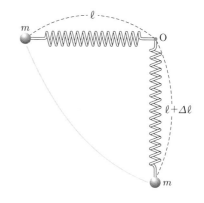

(a) 最下点での運動エネルギー K を求めよ.

(b) この質点をばねに吊して静止させたときの伸び x_0 を求めよ.

(c) ばねを長さ ℓ の伸びない糸に代えたとき，最下点での運動エネルギーを K_0 とする.

$K - K_0$ を g の代わりに x_0 を用いた形に表し，横軸を $\Delta\ell$ としたグラフを描け.

(d) 最下点付近での質点の運動は，点 O を中心とした円運動と見なすことができる．このことを用いて，$\Delta\ell$ を求めよ.

(e) $\Delta\ell$ - x_0 が正であることを示せ．また，その理由を物理的観点から説明せよ.

(f) x_0 が ℓ と比べて小さいとき，$\left(\dfrac{x_0}{\ell}\right)^2$ を無視する近似で，$\Delta\ell$ を求めよ．またこのとき $K - K_0$ はいくらとなるか求めよ.

12-19. 水平面上に固定された，質量 M，厚さ D の均質な材料でできたブロックに，質量 m の弾丸を速さ V_0 で水平に撃ち込んだところ，水平に深さ $d(< D)$ まで入り込んで止まった．弾丸がブロックから受ける抵抗力は，弾丸の速さに依らず一定であるとして，以下の問に答えよ.

(a) 弾丸がブロックから受ける抵抗力の大きさを求めよ.

(b) 弾丸がブロックを貫通するために必要な最小の速さを求めよ.

　次に，このブロックを滑らかな水平面上に置き，弾丸を速さ V_0 で打ち込んだ．弾丸は前問と同じ抵抗力を受けて減速するが，ブロックはその反作用で加速する．しばらくして弾丸とブロックの速度が等しくなり，弾丸はブロックに対して静止する．その後，抵抗力はゼロとなるので，弾丸はブロックの中で静止し，全体は一定の速度で運動を続ける.

(c) 弾丸がブロックに当たった瞬間からブロックの中で止まるまでの時間，弾丸がブロック内に入り込んだ深さを求めよ.

(d) 弾丸がブロックを貫通するために必要な最小の速さを求めよ.

　今度は，ブロックを一様な動摩擦係数 μ をもつ粗い水平面上に置き，弾丸を速さ V_0 で打ち込んだ.

(e) 弾丸がブロックに当たった瞬間からブロックの中で止まるまでの時間，弾丸がブロック内に入り込んだ深さを求めよ.

(f) 弾丸がブロックを貫通するために必要な最小の速さを求めよ.

演習問題 13

A

13-1. 粗い水平面上に置かれている質量 $4.0\,\text{kg}$ の物体に，水平方向に大きさ $F\,[\text{N}]$ の力を加えた．水平面と物体との間の静止摩擦係数 0.50 とする.

(a) F が $9.8\,\text{N}$ のとき，物体に働く摩擦力の大きさを求めよ.

(b) F が何 N を超えると，物体は動き出すか.

13-2. 粗い板の上に物体を置き，板を徐々に傾けていくと，ある角度 θ を越えたときに物体はすべりだした．この角度 θ を求めよ．ただし，板と物体との静止摩擦係数を 0.60 とする.

13-3. 粗い水平面上を，質量 $2.0\,\text{kg}$ の物体が水平方向の力を受けて動いている．この物体を一定の速度で動かし続けるために必要な力が $9.8\,\text{N}$ であったとすると，水平面と物体のとの間の動摩擦係数はいくらか.

13-4. 水平な氷面上に置かれた質量 5 kg の物体を手で押し，速さが 2 m/s になったときに手をはなした．その後，物体は一様に減速され，やがて停止した．運動中は，氷面から物体へ大きさ 1 N の摩擦力が作用することがわかっている．手をはなした位置を原点，物体の進行方向を x 軸の正の方向として，次の問に答えよ．

    (a)　物体の運動方程式を書け．

    (b)　手をはなしてから t〔s〕後の物体の速度 $v(t)$ を求めよ．

    (c)　手をはなしてから t〔s〕後の物体の位置 $x(t)$ を求めよ．

    (d)　物体が停止するまでの時間，および停止するまにすべる距離を求めよ．

13-5. 次の各物体は等速円運動をしている．それぞれの場合の角速度 ω〔rad/s〕を求めよ．

    (a)　半径 100 m の円周道路を速さ 15 m/s で走る自動車

    (b)　ちょうど 6.0 時間で地球を 1 周する人工衛星

    (c)　太陽を中心として公転する地球

    (d)　原子核の周りを 1 秒間に 7.0×10^{15} 回まわる電子

13-6. 円運動を行う次の物体の速さ v〔m/s〕と加速度の大きさ a〔m/s²〕を求めよ．

    (a)　時速 900 km で半径 50.0 km の円を描いて旋回する飛行機

    (b)　半径 10 m の円周上を 10 秒間で 1 周する回転ブランコ

    (c)　赤道上の物体（地球の周囲を 4.0 万 km とする）

13-7. xy 平面上を運動する質点の座標が $x = 2\cos\pi t$〔m〕，$y = 2\sin\pi t$〔m〕で表わされているとする．

    (a)　t と x，および t と y の関係をグラフに描け．運動の周期（1 周する時間）は何 s か．

    (b)　質点の速度ベクトル $\boldsymbol{v}$〔m/s〕，およびその大きさ（速さ）v〔m/s〕を求めよ．

    (c)　質点の加速度ベクトル $\boldsymbol{a}$〔m/s²〕，およびその大きさ a〔m/s²〕を求めよ．

    (d)　質点が y 軸上を通過するときの $\boldsymbol{v}$ と $\boldsymbol{a}$ を軌道上に図示せよ．

    (e)　$\boldsymbol{v}$ の始点を 1 ヵ所にそろえる．$\boldsymbol{v}$ の先端の移動のようすを説明せよ．

13-8. 次の空所を埋めよ．

糸の長さが L〔m〕，おもりの質量が m〔kg〕の単振り子がある．重力加速度の大きさを g〔m/s²〕とする．おもりの円周に沿った変位を，右向きを正として最下点 O から x〔m〕とし，このとき糸は鉛直線と角 θ〔rad〕をなしているとする．おもりに働く力の運動方向成分は，m, g, θ を用いて ┃(1)┃ と表される．ここで，θ が小さいときは $\sin\theta = \theta$ の関係があることから，┃(1)┃ は m, g, L, x を用いて ┃(2)┃ と変形できる．これは ┃(3)┃ 力を表しているので，おもりは単振動することがわかる．このときの単振り子の周期は g, L を用いて ┃(4)┃ と表される．

13-9. 振り子の周期が 2.0 秒となる糸の長さを求めよ．その長さで振り子を作り，実際に振動させて周期を実測してみよ．

13-10. 糸の長さ L〔m〕の単振り子がある．地上での重力加速度の大きさを g〔m/s²〕とする．

    (a)　地上で振動させたときの周期を求めよ．

    (b)　月面上で振動させたときの周期を求めよ．ただし，月面上での重力加速度の大きさは地球の 1/6 とする．

B

13-11. スキーのジャンプにおいて，ジャンプ台を傾角 45° の斜面と見なし，次の値を求めよ．但し，空気の抵抗は無視し，動摩擦係数は教科書 117 ページの表 13.1 の値を用いよ．

    (a) 選手の加速度．

    (b) 斜面上を 45 m 滑ったときの選手の速度．

13-12. 静止した車が発車した．5.0 秒後の速さの（原理上の）最大値と，その間の走行距離を求めよ．車はしばらくその（最大の）速さで走行し，急ブレーキをかけたところ，車輪がロックした状態（＝車輪が固定され，路面上を滑る状態）になった．自動車が停止するまでの時間と走行距離を求めよ．但し，静止摩擦係数は 0.80，動摩擦係数は 0.50 であったとせよ．

13-13. 粗い水平面上に質量 m の物体を置き，外力 F で水平に押す．物体と面との間の静止摩擦係数を μ_0，動摩擦係数を μ とする．摩擦力 f と外力 F の関係を求め，縦軸 f，横軸 F のグラフを描け．

13-14. 図のように傾斜角 α の斜面上をすべる質量 m の物体の運動を考える．摩擦力は無視する．計算に必要な記号は適当に決めて使うこと．

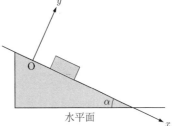

    (a) 物体に作用している力のベクトルをすべて図示せよ．

    (b) 図の座標系で，各力の x 成分と y 成分をそれぞれ求めよ．

    (c) 物体の運動方程式を書け．

    (d) 物体は初め（$t = 0$ には）原点に静止しているとして，運動方程式の x 成分を解け．

    (e) 運動方程式の y 成分より，垂直抗力の大きさを求めよ．

13-15. 図のように傾斜角 α の斜面上をすべる質量 m の物体の運動を考える．摩擦力は無視し，座標系は図のようにとる．垂直抗力の大きさを N とする．

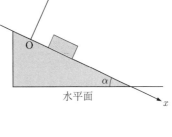

    (a) 物体に作用している力のベクトルをすべて図示せよ．

    (b) 物体の運動方程式を書け．

    (c) 束縛条件を書け．

    (d) 運動方程式と束縛条件より垂直抗力の大きさ N を求めよ．

    (e) 物体は初め（$t = 0$ には）原点に静止しているとして，運動方程式を解いて速度を求めよ．

    (f) 物体の速さを求め，前問 (d) の結果 (v_x) と一致することを確かめよ．

13-16. 例題 13.1 において，物体に原点 O から斜面を上昇する向きに大きさ v_0 の初速度を与えた．その後の物体の運動を考察せよ．

13-17. 例題 13.2 の単振り子で，糸を軽い棒に変えた．このときの一般の振動を，教科書の記述に習って初速度の大きさによって分類せよ．

13-18. 質量 m の質点を水平な天井から 2 本の糸でつるしたところ，糸と天井のなす角は，α と β となった．

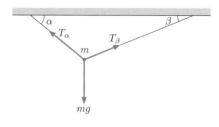

(a) 糸の張力 T_α, T_β を求めよ．

(b) 右の糸を切った直後，T_α は何倍になるか求めよ．

13-19. 地球を中心とする半径 r の円軌道上を，角速度 ω で運動している人工衛星の運動を考えよう．万有引力定数 G，地球の質量 M，人工衛星の質量 m，地球の半径 R，地表での重力加速度の大きさ g のうち必要なものを使うとする．

(a) 人工衛星の運動方程式を書け．

(b) 6.0 時間で地球を一周する人工衛星の円軌道の半径 r を求めよ（計算に必要な値はテキストを参考にすること）．

(c) 地表から見て「静止している」ように見える人工衛星（静止衛星）をつくるにはどのような軌道を選べばよいか．

13-20. 図のように，なめらかな棒に穴の空いた小物体を通し，棒を鉛直線に対して θ 傾けたまま回転させる．棒の最下点から小物体までの距離を ℓ とする．小物体が棒に対してすべり出さないときの，棒の角速度 ω を求めよ．

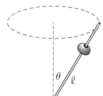

13-21. 長さ ℓ の糸の一端を天井に固定し，他端に質量 m の質点をつるす．図のように，糸が鉛直線と常に一定の角 α をなすように，質点を水平面内で円運動させる．これを円錐振り子という．

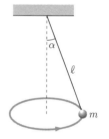

(a) 糸の張力の鉛直成分 T_1，および水平成分 T_2 を求めよ．

(b) おもりの円運動の方程式を書け．また，加速度の大きさ a を求めよ．

(c) 円運動の角速度 ω，速さ v，および周期 τ を求めよ．

13-22. 質量 m の質点を糸に結び，なめらかな水平面内で回転させる．時刻 $t = 0$ で糸の長さは ℓ だったが単位時間当たり a ずつ短くなるようにしてある．時刻 $t = 0$ に糸と垂直の方向へ角速度 ω_0 を与えたとき，以下の問いに答えよ．空気の抵抗は無視する．

(a) 時刻 t における糸の長さ $r(t)$ を求めよ．また，これから t の範囲を求めよ．

(b) 糸の張力を T，質点の角速度を ω として，2 次元極座標系における運動方程式を書け．

(c) 運動方程式の θ 成分を解いて，角速度 ω を求めよ．

(d) $t \to \dfrac{\ell}{a}$ の極限で ω はどうなるか．また，質点の速さ v はどうなるか．

(e) 運動方程式の r 成分を用いて，糸の張力 T を求めよ．

(f) 質点が回転の中心に到達するまでに糸を短くする力がする仕事 W を計算せよ．

13-23. 上の右図のように，半径 r のなめらかな円筒面を用意し，質量 m の小物体を大きさ v_0 の初速度でなめらかな水平面をすべらせる．

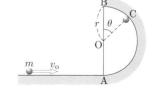

(a) 鉛直線となす角が θ の点（図の点 C）を通過するときの，小物体の速さを力学的エネルギー保存則を用いて求めよ．

(b) (a) のとき，面から受ける垂直抗力の大きさを求めよ．

(c) 物体が点 B を通過するための v_0 の条件を求めよ．

C

13-24. 図のように，水平と角 θ をなす粗い斜面上で，質量 M_A，M_B の 2 個の物体 A, B が，互いに接して静止している．A, B に斜面から働く垂直抗力を N_A，N_B，静止摩擦力を f_A，f_B とし，A, B が互いに押し合う力の大きさを F とする．更に，A, B と斜面との間の静止摩擦係数を μ_A，μ_B，重力加速度の大きさを g とし，物体の大きさは無視する．

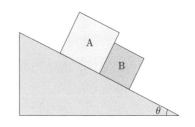

(a) A, B それぞれに働く力の釣り合いを，斜面に平行な成分と垂直な成分に分けて書け．

(b) N_A，N_B，f_A，f_B を求め，A, B が静止するための条件を求めよ．

(c) 上で求めた 2 つの条件が両立するために，角 θ がみたすべき条件を求めよ．

　上で求めた条件が成立せず，物体 A, B が接したまま斜面を降下する場合を考える．A, B と斜面との間の動摩擦係数を μ_A'，μ_B' とする．

(d) 物体 A, B の間に作用する力の大きさと物体 A, B の加速度を求めよ．

(e) 物体 A, B が接したまま斜面を降下するための条件を求めよ．

13-25. 図 (a) のような，人形をつるまきばねで小さな台の上に取り付けたおもちゃがある．頭を少し押し下げて離すと，人形は上下に振動するが，押し下げる距離が大きくなると，人形は台ごと飛び上がる．どれだけ押し下げると飛び上がるかを，図 (b) のように，人形（ばねと台は除く）を質量 m の小球であるとし，この小球がばね定数 k のばねで質量 M の台とつながれているとモデル化して考えよ．

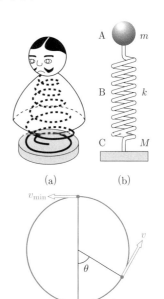

(a)　　　　(b)

13-26. 鉛直面内で回転する糸の長さが ℓ の振り子がある．振り子の糸が，鉛直下向きと角 θ をなすときのおもりの速さを v とする．$\theta = 0$（最下点）での速さを $v_{\max}$，$\theta = \pi$（最上点）での速さを $v_{\min}$ とすると，

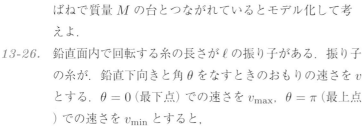

$$v = \sqrt{v_{\max}^2 \cos^2 \frac{\theta}{2} + v_{\min}^2 \sin^2 \frac{\theta}{2}}$$

と表されることを示せ．

13-27. 図のように，粗い水平な面上に置かれた質量 M の物体に，外力 F を鉛直下向きに対して角 θ の向きに作用させたところ，物体は静止したままであった．この物体と水平面との間の静止摩擦係数を μ_0 とし，物体の大きさは無視して以下の問に答えよ．

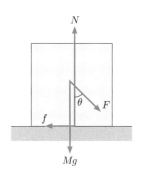

  (a) θ がある値 θ_0 より小さいとき，F を大きくしても物体は動かない．$\tan\theta_0$ を求めよ．

  (b) θ が θ_0 より大きいとき，F がある値 F_0 を超えると物体が滑り出す．F_0 を求めよ．

  (c) F_0 は θ の関数である．F_0 の最小値とそのときの角 θ の値を求めよ．

  (d) 以上の考察を踏まえ，相撲で体重の軽い力士が重たい力士を押し出すためにはどうすればよいかを考えよ．

13-28. 水平面との傾角が α，開きの角が 2θ の溝の中を，質量 m の物体が，図の状態で滑っている．動摩擦係数を μ として加速度を求めよ．

13-29. 長さ ℓ の糸の一端に質量 m の質点を結びつけ，糸の他端を固定して質点を回転させる．糸が切れずに絶えられる最大の張力を $T_{\max}$ として，次の場合の質点の速さの最大値を $T_{\max}$ の関数として求めよ．

          (a) 水平面内の回転運動．   (b) 鉛直面内の回転運動．

13-30. 水平に置かれた半径 ℓ の輪に通した質量 m の小球に，輪の接線方向に速さ v_0 の初速度を与えた．小球と輪の間には，動摩擦係数 μ の摩擦力が働く．輪から質点 m に作用する円の中心向きの垂直抗力を N，質点の接線方向の速さを v として，以下の問に答えよ．

  (a) この円運動の運動方程式を，中心向きと接線向きに分けて成分で書け．

  (b) 垂直抗力 N を消去して質点の速さ v の満たす方程式を作れ．また，これを積分して，時刻 t の関数として表せ．

  (c) 垂直抗力 N を時刻 t の関数として求めよ．

  (d) 質点 m が運動を始めてから時刻 t までの移動距離 s を求めよ．

13-31. 糸の長さが無限大の想像上の単振り子の運動を考えよう．半径無限大の円周は直線となるので，この振り子のおもりは地球の接線となる直線上で往復運動するとみなせる．重力は，地球の自転を無視すると，常に地球の中心を向き，振り子の運動方向の成分が復元力となる．以上の考察を踏まえて，この振り子の周期を求めよ．

13-32. 滑らかな直線の上に運動が制限された質量 m の質点がある．この質点には，直線から a の距離にある点 O から引力が働いている．その大きさは，点 O から質点までの距離に比例し，この距離を s とすれば ks である．以下の問に答えよ．

  (a) この質点はどのような運動をするか調べよ．

  (b) この質点を直線上に拘束する力の大きさと向きを求めよ．

13-33. 水平面上に置かれた滑らかな半径 a の円周上に拘束された質量 m の質点がある．円周から質点に対して円の中心向きに作用する力の成分を N とする．質点の位置は円の中心を原点とする 2 次元極座標を用いて表すことにする．始め，質点を $\theta = 0$ の位置に静止させておく．

　この質点に，原点に置いた装置によって外力を作用させたところ，円周上を反時計回りに回転し始めた．この外力は保存力で，そのポテンシャルエネルギー U は k を正の定数として，$U = -k\dfrac{\sin\theta}{r^2}$ で与えられる．

(a) この質点の速さを v として，円運動の運動方程式を成分で書け．但し，ポテンシャルエネルギーから導かれる力の中心方向の成分は，中心への向きを正として $\dfrac{\partial U}{\partial r}$，接線方向の成分は，$\theta$ の増加する向きを正として $-\dfrac{1}{r}\dfrac{\partial U}{\partial \theta}$ である．

(b) 力学的エネルギー保存則より，質点の速さ v を θ の関数として求めよ．

(c) 運動方程式より N を θ の関数として求めよ．

(d) その後，この質点はどのような運動をするか述べよ．

(e) 円周上に拘束することをやめ，滑らかな水平面上を自由に動けるようにして，始めと同じ $r = a, \theta = 0$ の点にこの質点を静かに置いて，同じ外力を作用させた．この質点はどのような運動を行うか述べよ．

演習問題 14

A

14-1. (a) 質量 $1/10\,\mathrm{kg}$ のボールを $20\,\mathrm{m/s}$ の速さで投げた．ボールの運動量の大きさを求めよ．

(b) ボールに $5\,\mathrm{N}$ の一定の力を $2/5\,\mathrm{s}$ 間加えた．ボールが受けた力積の大きさを求めよ．

(c) 静止していた質量 $1/10\,\mathrm{kg}$ のボールに，$20\,\mathrm{N}$ の力を $1/5\,\mathrm{s}$ 間だけ加えた．ボールの運動量の大きさを求めよ．また，ボールの速さを求めよ．

(d) $3\,\mathrm{m/s}$ の速さで運動している質量 $2\,\mathrm{kg}$ の台車に，速度と同じ向きに一定の大きさの力を $2/5\,\mathrm{s}$ 間加えたところ，速さは $4\,\mathrm{m/s}$ になった．台車の運動量の変化の大きさを求めよ．また，台車に加えた力の大きさを求めよ．

14-2. (a) 質量が $3.0\,\mathrm{kg}$ の台車 A が $4.0\,\mathrm{m/s}$ の速さで進み，質量が $2.0\,\mathrm{kg}$ の静止していた台車 B と衝突し，衝突後は衝突前の A の進行方向に一体となって進んだ．衝突前の A と B の運動量の和の大きさを求めよ．また，衝突後一体となった台車の速さを求めよ．

(b) x 軸の正の向きに $5.0\,\mathrm{m/s}$ の速度で走ってきた質量 $2.0\,\mathrm{kg}$ の台車 A が，x 軸の正の向きに $2.0\,\mathrm{m/s}$ の速度で走っていた質量 $3.0\,\mathrm{kg}$ の台車 B に衝突した．衝突後，AB が一体となって動いたとき，その速度を求めよ．

(c) ともに x 軸の正の向きに動く質量の等しい物体 A, B がある．A が B に追突する直前，A の速度は $4.0\,\mathrm{m/s}$，B の速度は $2.0\,\mathrm{m/s}$ であった．追突後の A の速度が $2.5\,\mathrm{m/s}$ のとき，B の速度を求めよ．

14-3. 東向きに速さ $20\,\mathrm{m/s}$ で飛んできた質量 $60\,\mathrm{g}$ のボールを，ラケットで打ち返した．

   (a) ラケットで打ち返したボールが，西向きに速さ $30\,\mathrm{m/s}$ で飛んでいったとして，ラケットがボールに加えた力積の大きさと向きを答えよ．

   (b) (a) のとき，ラケットとボールの接触時間を $0.20\,\mathrm{s}$ として，ラケットがボールに加えた平均の力の大きさを求めよ．

   (c) ラケットが打ち返したボールが，北向きに速さ $20\,\mathrm{m/s}$ で飛んでいったとして，ラケットがボールに加えた力積の大きさと向きを答えよ．

14-4. (a) 壁に対して垂直に $10\,\mathrm{m/s}$ の速さで当たったボールが，$8\,\mathrm{m/s}$ の速さで垂直にはね返った．ボールと壁との間の反発係数を求めよ．

   (b) x 軸の正の向きに $7\,\mathrm{m/s}$ の速度で進む物体 A が，同じ向きに $3\,\mathrm{m/s}$ 速度で進む物体 B に後ろから衝突したところ，衝突後の A, B の速度はそれぞれ $4\,\mathrm{m/s}$, $6\,\mathrm{m/s}$ となった．A と B の間の反発係数を求めよ．

14-5. 硬式のテニスボールは，高さ $254.00\,\mathrm{cm}$ からコンクリートの床へ自由落下させて，134.62 〜$147.32\,\mathrm{cm}$ の高さに跳ね返らなければならないと決められている．反発係数はいくらか．

14-6. x 軸上で，$6.0\,\mathrm{m/s}$ の速度で進む質量 $0.80\,\mathrm{kg}$ の物体 A と，$-3.0\,\mathrm{m/s}$ の速度で進む質量 $1.2\,\mathrm{kg}$ の物体 B が正面衝突した．

   (a) 衝突後の A と B の速度をそれぞれ v_A, v_B として，運動量保存則の式を立てよ．

   (b) 反発係数が 0.50 として，反発係数の式を立てよ．

   (c) 衝突後の A, B の速度を求めよ．

14-7. 質量 $2.0\,\mathrm{kg}$ の物体 A が x 軸上を $10\,\mathrm{m/s}$ の速度で進み，同じく x 軸上を $-5.0\,\mathrm{m/s}$ の速度で進む質量 $3.0\,\mathrm{kg}$ の物体 B と衝突した．A と B との間の反発係数が 0.50 のとき，衝突後の A, B の速度を求めよ．

B

14-8. 質量 m の粒子を原点に静止させ，x 軸の正の向きに図のような力を時刻 T まで作用させた．速度 $v(t)$, 位置 $x(t)$ を求め，横軸 t のグラフを描け．

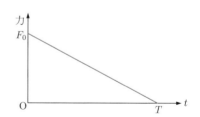

14-9. 水平でなめらかな床の上に，質量 M の材木が静止している．この材木に水平方向から質量 m の弾丸を速さ v で打ち込んだところ，弾丸はある深さだけ材木に食い込み，材木に対して静止した．このとき，弾丸と材木との間にはたらく水平方向の力の大きさは一定で F であった．重力の効果を無視して，以下の問いに答えよ．

   (a) 弾丸が材木に対して静止したときの，床から見た材木の速さを求めよ．

   (b) 弾丸が材木にくい込み始めてから材木に対して静止するまでの間に，材木が受けた力積の大きさを求めよ．

   (c) 弾丸が材木にくい込み始めてから材木に対して静止するまでの時間を求めよ．

   (d) 弾丸が材木に食い込んだ深さを求めよ．

14-10. 昔，小銃の弾丸の速さを測定するために，木片
を 2 本の糸で吊った図のような振り子が使われ
た．質量 $m = 10\,\mathrm{g}$ の弾丸が質量 $M = 5.0\,\mathrm{kg}$
の木片に水平に突き刺さり，弾丸の入った木片
は振動を始めた．最初の振動で高さ $h = 7.0\,\mathrm{cm}$
上昇した．

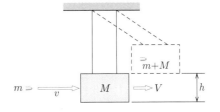

(a) 衝突する前と，衝突した弾丸と木片がいっしょに動き始めた直後の運動量保存の式を
書け．

(b) 木片と弾丸が一緒になって動き始めてから上にあがるまでのエネルギー保存の式を
書け．

(c) 弾丸の速さ v を求めよ．

(d) 弾丸の運動エネルギー K はどれくらいであったか．これを衝突直後の「木片と弾丸」
の運動エネルギー E と比較せよ．

14-11. 図のように，段差のある水平な床があり，下の
床に質量 M の台車が置かれている．上の床をす
べってきた質量 m の物体が，速さ v で台車に乗
り移り，少しすべってから台車の上に止まった．

物体と台車の間の動摩擦係数は μ で，台車と床の間に摩擦はないものとする．

(a) 物体が台車の上に止まった後の台車の速さを求めよ．

(b) 物体が台車に乗り移ってから止まるまでの時間を求めよ．

(c) この運動で失われた力学的エネルギーを求めよ．

(d) 物体が台車の上を滑った距離を求めよ．

14-12. 次の 2 質点系の重心の位置と換算質量を求めよ．重心の位置は質量の大きい方の質点から
の距離で答えよ．仮に，この 2 質点しか存在しないとすれば，各質点はどう運動するか．

(a) 太陽と地球：それぞれの質量は $2.0 \times 10^{30}\,\mathrm{kg}$ と $6.0 \times 10^{24}\,\mathrm{kg}$，距離は $1.5 \times 10^{11}\,\mathrm{m}$

(b) 地球と月：それぞれの質量は $6.0 \times 10^{24}\,\mathrm{kg}$ と $7.3 \times 10^{22}\,\mathrm{kg}$，距離は $3.8 \times 10^{8}\,\mathrm{m}$

(c) 陽子と電子：それぞれの質量は $1.7 \times 10^{-27}\,\mathrm{kg}$ と $9.1 \times 10^{-31}\,\mathrm{kg}$，距離は $5.3 \times 10^{-11}\,\mathrm{m}$

14-13. 速さが 3:1 で質量の等しい 2 個の気体分子どうしの衝突を考えよう．外力の作用はなく，
運動量保存則が成り立つとする．さらに，分子は衝突で壊れることはなく，力学的エネル
ギー保存則も成り立つとする．これを弾性衝突と呼ぶ．弾性衝突の例として次の (a), (b)
を解き，(c) の理由を推測せよ．

(a) 分子どうしは正面衝突し，衝突後はそれぞれがもと来た方向に戻っていくとする．衝
突後の速さの比を求めよ．

(b) 分子どうしは 90° の角度で衝突し，衝突後は運動エネルギーが同じ値になるとする．
衝突後の各分子の運動の方向を求めよ．

(c) 気体の温度は分子の運動エネルギーに比例している．熱い気体と冷たい気体を混ぜ
ると中間の温度の気体になる．原子同士が衝突を繰り返すので，この変化が起こる．
衝突時のエネルギー授受の一般的な傾向を推測せよ．

14-14. 静止した質量 $2m$ の粒子に，質量 m の粒子が速さ v で衝突した．衝突した粒子は，速さが $\dfrac{v}{2}$ となり，入射方向から 45° の向きに散乱された．静止していた粒子の衝突後の速度（速さと向き）を求めよ．

14-15. 質量の比が1対10の2個の原子 A, B が衝突する場合を考える．同じ運動を2つの異なる座標系で表わして比較しよう．速度の比で考えるのが簡単である．

    (a) A, B の重心が原点にある系（重心系）で，原子 A は x 軸の負の方向から飛来し，衝突後は y 軸の正の方向に飛び去った．原子 B はどのような運動をしていたか．

    (b) 衝突前には B が原点に静止していた座標系（実験室系）で，(1) の衝突現象を表わすとする．衝突後，A, B はそれぞれどの方向に飛び去ったか．

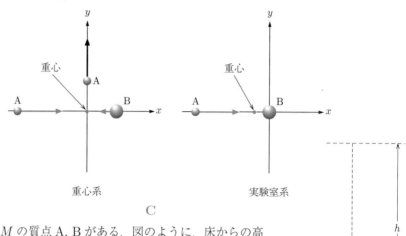

重心系   実験室系

C

14-16. 質量 M と $3M$ の質点 A, B がある．図のように，床からの高さが h の点から静かに B を落とし，その後 A を静かに落とす．B は床と弾性衝突し，その後，落下してきた A と弾性衝突した．A を落とす時間を色々変えたとき，A が B と衝突後に達する床からの高さの範囲を求めよ．

14-17. 下の図のように，2個の半径 R の滑らかな半円筒を向かい合わせ，滑らかで水平な床の上に固定した．床の上で静止した質量 $4m$ の小物体 Q に，質量 m の小物体が速さ v で弾性衝突した．この衝突後，小物体 P は半円筒の点 C まで上って降下した．小物体 Q が半円筒内を上った角 θ を求めよ．

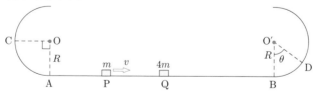

14-18. 線密度 ρ の一様な鎖を机の上に置き，その一端を一定の力 F で鉛直真上へ引き上げる．鎖の先端が机から高さ x のとき，鎖の質量は ρx，運動量は $\rho x v$ である．

    (a) 鎖の運動方程式を書け．

    (b) $\dfrac{\mathrm{d}v}{\mathrm{d}t} = v\dfrac{\mathrm{d}v}{\mathrm{d}x}$ と書けることから，$\dfrac{\mathrm{d}}{\mathrm{d}t}(\rho x v) = \dfrac{1}{x}\dfrac{\mathrm{d}}{\mathrm{d}x}\left(\dfrac{\rho x^2 v^2}{2}\right)$ となることを示せ．

    (c) はじめ，鎖の先端は $x = x_0$ で静止していた．鎖が上昇する速度 v を先端の位置 x で表せ．

演習問題 15

A

15-1. 次の外積を求めよ.

$$\boldsymbol{i} \times \boldsymbol{i}, \; \boldsymbol{i} \times \boldsymbol{j}, \; \boldsymbol{i} \times \boldsymbol{k}, \; \boldsymbol{j} \times \boldsymbol{i}, \; \boldsymbol{j} \times \boldsymbol{j}, \; \boldsymbol{j} \times \boldsymbol{k}, \; \boldsymbol{k} \times \boldsymbol{i}, \; \boldsymbol{k} \times \boldsymbol{j}, \; \boldsymbol{k} \times \boldsymbol{k}$$

15-2. 次の2つのベクトルの外積 $\boldsymbol{A} \times \boldsymbol{B}$ を求めよ.

(a) $\boldsymbol{A} = 2\boldsymbol{i} + 3\boldsymbol{j} + 4\boldsymbol{k}, \; \boldsymbol{B} = -4\boldsymbol{i} + 3\boldsymbol{j} + 2\boldsymbol{k}$

(b) $\boldsymbol{A} = -4\boldsymbol{i} + 3\boldsymbol{j} + 2\boldsymbol{k}, \; \boldsymbol{B} = 2\boldsymbol{i} + 3\boldsymbol{j} + 4\boldsymbol{k}$

(c) $\boldsymbol{A} = \boldsymbol{i} + 2\boldsymbol{j} + 3\boldsymbol{k}, \; \boldsymbol{B} = 2\boldsymbol{i} + 4\boldsymbol{j} + 6\boldsymbol{k}$

15-3. 2次元の位置ベクトル $\boldsymbol{r} = x\boldsymbol{i} + y\boldsymbol{j}$ で, x, y が時間 t の関数であるとする.

(a) 外積 $\boldsymbol{r} \times \dfrac{\mathrm{d}\boldsymbol{r}}{\mathrm{d}t}$ を求めよ.

(b) 外積 $\boldsymbol{r} \times \dfrac{\mathrm{d}\boldsymbol{r}}{\mathrm{d}t}$ を t で微分せよ. さらに, 結果を外積の表現に戻すこと.

15-4. 質点 m の位置ベクトルを $\boldsymbol{r}$, 受ける力を $\boldsymbol{F}$ とする. 次の量を計算せよ. 図を描くこと.

(a) $\boldsymbol{r} = 2\boldsymbol{i}$〔m〕, $\boldsymbol{F} = 3\boldsymbol{j}$〔N〕のときの原点回りの力のモーメント

(b) $\boldsymbol{r} = 2\boldsymbol{i}$〔m〕, $\boldsymbol{F} = 4\boldsymbol{i} - 3\boldsymbol{j}$〔N〕のときの原点回りの力のモーメント

(c) $\boldsymbol{r} = R\cos\omega t\boldsymbol{i} + R\sin\omega t\boldsymbol{j}$〔m〕のときの原点回りの角運動量

(d) $\boldsymbol{r} = R\cos\omega t\boldsymbol{i} - R\sin\omega t\boldsymbol{j}$〔m〕のときの原点回りの角運動量

15-5. 地球半径 R〔m〕の2倍の半径 $r = 2R$〔m〕の円軌道上を運動している質量 m〔kg〕の人工衛星について,

(a) 衛星のポテンシャルエネルギー U〔J〕を求めよ.

(b) 衛星の速さ v〔m/s〕, 運動エネルギー T〔J〕, および, 力学的エネルギー $T + U$〔J〕を求めよ.

(c) 衛星は重力を受けているにもかかわらず, 速さが変化しないのは何故か.

(d) 衛星の角運動量の大きさ L〔J·s〕を求めよ. 角運動量ベクトルを描け.

15-6. 図のように中心に穴が開いてある水平でなめらかな台の上で, 質量 m の物体にひもをつけ, 穴を中心に半径 r_0, 速さ v_0 の等速円運動をさせる. 物体と台, ひもと台や穴との間に摩擦はないものとする. その後, 穴の下に出ているひもの端を引っ張って, 円運動の半径を r_1 に縮めた.

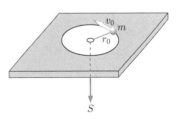

(a) 半径が r_0 のときの物体の角速度の大きさ ω_0 を求めよ.

(b) 半径が r_0 のときの物体の角運動量の大きさ L_0 を求めよ.

(c) 半径が r_1 のときの物体の速さ v_1 を求めよ.

(d) 半径が r_1 のときの角速度の大きさ ω_1 は ω_0 の何倍か.

(e) この物体の運動エネルギーの変化 ΔE を L_0 を用いて求めよ.

(f) ひもの張力 S がする仕事を求め, 運動エネルギーの変化 ΔE と比較せよ.

15-7. 太陽（静止しているとする）を原点とする地球の公転運動に関して，次のことを説明せよ．

(a) 地球の公転の角運動量は一定であること．

(b) 地球の公転運動は一定の平面上で起こっていること．

B

15-8. 次の物体の角速度 ω を求めよ．

(a) 円周上を $10\,\mathrm{s}$ 間に $4\pi\,〔\mathrm{rad}〕$ だけ回転する物体

(b) 半径 $5\,\mathrm{cm}$ の円周上を $2\,\mathrm{s}$ 間に 4 回転する物体

(c) 円周上を $\theta(t) = 3\sin at\,〔\mathrm{rad}〕$ で回転する物体．ただし，a は定数である．

(d) 半径 $20\,\mathrm{cm}$ の円周上を一定の速さ $4\,\mathrm{m/s}$ で回転する物体

15-9. 次の物体の原点 O 回りの角速度ベクトル $\boldsymbol{\omega}$ を求めよ．

(a) x-y 平面上で原点 O を中心とする半径 $2\,\mathrm{m}$ の円周上を速さ $6\,\mathrm{m/s}$ で第 1 象限から 2，3 象限へと回転する物体

(b) ある時刻 t に $\boldsymbol{r} = 3\boldsymbol{i} + 4\boldsymbol{j}\,〔\mathrm{m}〕$，$\boldsymbol{v} = -2\boldsymbol{j} + 3\boldsymbol{k}\,〔\mathrm{m/s}〕$ となった物体のその瞬間の $\boldsymbol{\omega}$

(c) $\boldsymbol{r} = \cos t\boldsymbol{i} + \sin t\boldsymbol{j} + t\boldsymbol{k}$ で運動する物体

15-10. 原点 O から水平に初速 v_0 で投げた質量 m の物体の，O を中心とする角運動量を求めよ．ただし，水平方向を x 軸，鉛直上方を y 軸とし，重力加速度の大きさを g とする．また，地面は原点より十分下方にあるとする．

(a) 物体の位置ベクトル $\boldsymbol{r}$ を求めよ．

(b) 物体の速度 $\boldsymbol{v}$ を求めよ．

(c) 物体の角運動量 $\boldsymbol{L}$ を求めよ．

15-11. 長さ ℓ の糸に質量 m のおもりをつけた振り子がある．糸が鉛直方向となす角を θ とする．

(a) おもりの支点 O を中心とする角運動量の大きさを角 θ を用いて表せ．

(b) おもりの角運動量に対する運動方程式を書け．

15-12. x-y 平面上の質点の運動を $x = r\cos\theta$, $y = r\sin\theta$ で定義される極座標 r, θ で表わす．

(a) $\dfrac{\mathrm{d}x}{\mathrm{d}t}$ および $\dfrac{\mathrm{d}y}{\mathrm{d}t}$ を，r, θ, $\dfrac{\mathrm{d}r}{\mathrm{d}t}$ および $\dfrac{\mathrm{d}\theta}{\mathrm{d}t}$ を使って表わせ．

(b) 質量を m として角運動量の大きさを，r, θ, $\dfrac{\mathrm{d}r}{\mathrm{d}t}$ および $\dfrac{\mathrm{d}\theta}{\mathrm{d}t}$ を使って表わせ．

(c) この式は，位置ベクトルが動いて描く扇型の面積に関係していることを説明せよ．

15-13. 長さ ℓ の糸の一端を点 O に固定し，他端に質量 m の粒子を結びつける．糸がたるんだ状態で，粒子は速さ v で等速直線運動している．粒子の軌道と点 O との距離は $h(<\ell)$ である．粒子が点 O からの距離が ℓ の点に達すると，糸がぴんと伸びてその後は半径 ℓ の円運動に移行する．

(a) 粒子が円運動しているときの運動エネルギー K_f と，等速直線運動しているときの運動エネルギー K_i との比 $\dfrac{K_f}{K_i}$ を求めよ．

(b) この比の値は 1 より小さい．その理由を簡潔に説明せよ．外力は作用しないとする．

15-14. 距離 r〔m〕離れている陽子と電子の間には大きさ $f = \dfrac{k}{r^2}$〔N〕のクーロン力が作用し合う．水素原子のボーア模型では，電子はこの引力を受けて，陽子のまわりで円軌道を描き，そのときの角運動量がプランクの定数 $\hbar = 1.05 \times 10^{-34}$ J·s に等しいと仮定されている．ここで，$k = 2.29 \times 10^{-28}$ N·m^2，電子の質量は $m = 9.11 \times 10^{-31}$ kg である．陽子の質量は電子よりも十分大きく，円の中心は動かないとみなす．

(a) 電子の運動方程式を書け．円軌道の半径 r〔m〕と角速度 ω〔rad/s〕を使うこと．

(b) 電子の角運動量保存則を表わす式を書け．(a) と同様に r と ω を使うこと．

(c) 上の (a), (b) より r と ω を求めよ．

(d) 電子の位置エネルギー U〔J〕，運動エネルギー T〔J〕，および，力学的エネルギー $E = T + U$〔J〕を求めよ．

(e) エネルギーの単位 eV（エレクトロンボルト）では，1 eV$=1.60 \times 10^{-19}$ J である．電子の力学的エネルギー E を eV を用いて表せ．

15-15. 太陽，地球，月が，同一平面上で運動しているとする．また，月は地球のまわりを半径 ℓ で等速円運動し，その面積速度の大きさを $\dfrac{h}{2}$ とする．更に，地球と月の重心が太陽のまわりを半径 L で等速円運動し，その面積速度の大きさを $\dfrac{H}{2}$ とする．地球の質量を $M_\oplus$，月の質量を M_m とする．太陽の質量は非常に大きいため，太陽は静止しているとして以下の問に答えよ．

(a) 地球と月は互いにその重心のまわりを回転し，重心は太陽のまわりを回転している．太陽のまわりを回転する月の軌道の概形を示せ．

(b) 地球と月の太陽のまわりの全角運動量は保存する．このことから，質量と面積速度のあいだに以下の関係式が成り立つことを示せ．

$$(M_\oplus + M_m)H + \frac{M_\oplus M_m}{M_\oplus + M_m}h = 一定$$

C

15-16. 水平で滑らかな板に小孔を開け，質量 m の小球を付けた軽い糸の他端を通した．この小球を面上で半径 r_0，角速度 ω_0 で等速円運動させる．

(a) 小球の運動を維持させるために，糸を下向きに引く力の大きさを求めよ．

(b) 糸を一定の速さ u で下向きに引くためには，時刻 t の経過とともに変化する力
$F(t) = \dfrac{m r_0{}^4 \omega_0{}^2}{(r_0 - ut)^3}$ を加えればよいことを示せ．

15-17. 滑らかな水平面上で，両手に質量 m のダンベルを持った人が，自分の重心を通る鉛直線を軸とし，両腕を広げて一定の角速度 ω_0 で回転している．回転軸からダンベルまでの距離は L である．この人がゆっくりと両腕を縮め，ダンベルから回転軸までの距離が ℓ になった．この人の慣性モーメントを I とし，両腕の質量は無視できるとする．

(a) 角速度がいくらになるか求めよ．

(b) 回転の運動エネルギーがどれだけ増加したか求めよ．

(c) 両腕を縮めるために必要な仕事を求め，(b) の結果と比較せよ．

15-18. 人工衛星を地表から水平に速さ v_0 で打ち出し，地球の中心を焦点の一つとする楕円軌道上を周回させたとする．地球を半径 R，質量 M の一様な球と見なし，地球の自転・公転および空気の抵抗は無視する．地表での重力加速度の大きさを g として，地球の中心から遠日点までの距離を求めよ．

15-19. 2 原子分子の二つの原子は，中心間の距離が r_0 のときに安定で，距離が $r_0 + x$ の点でのポテンシャルエネルギー $U(x)$ は，λ, a を正の定数として，次の式で近似できる．これをモーズポテンシャル (Mose potential) という．

$$U(x) = \frac{\lambda}{2a}\left(e^{-2ax} - 2e^{-ax}\right)$$

二つの原子を結ぶ方向に，この 2 原子が振動する．周期 τ を以下の手順に従って求めよ．

(a) $U(x)$ のグラフの概形を描け．

(b) 振動が起きるとき力学的エネルギー E が満たす条件を求めよ．

(c) 力学的エネルギーを $E\,(<0)$ として，x の下限 x_- と上限 x_+ が，以下の式で与えられることを示せ．

$$x_\pm = -\frac{1}{a}\ln\left(1 \mp \sqrt{1 - \frac{2a(-E)}{\lambda}}\right)$$

周期は，$\tau = 2\displaystyle\int_{x_-}^{x_+} \frac{dx}{v} = 2\int_{x_-}^{x_+} \sqrt{\frac{m}{2(E - U(x))}}\,dx$ で計算できる．ここで，m は二つの原子の換算質量である．

(d) $z = e^{ax}$ とおいて，x から z に変数変換すると，

$$\tau = \sqrt{\frac{2m}{(-E)}} \cdot \frac{1}{a} \int_{z_-}^{z_+} \frac{dz}{\sqrt{(z_+ - z)(z - z_-)}}$$

と書き換えられることを示せ．ここで $z_\pm = e^{ax_\pm}$ である．

(e) 周期が $\tau = \sqrt{\dfrac{2m}{(-E)}} \cdot \dfrac{\pi}{a}$ で与えられることを示せ．

演習問題 16

A

16-1. 地球を半径 R，質量 M の一様な球であるとする．地表での重力加速度の大きさを g とするとき，地表から高さ h の点での重力加速度の大きさ g_h を求めよ．但し，地球の自転は考えなくてよい．

B

16-2. ハレー彗星は，1986 年に太陽から $0.59\,\mathrm{au}\,(8.9 \times 10^{10}\,\mathrm{m})$ の近日点を通過した．次回の近日点通過は，2062 年であるという．太陽からハレー彗星の遠日点までの距離を求めよ

16-3. 月はほぼ円軌道を描いて地球のまわりを回り，軌道半径は地球の半径を R として $60.1R$，周期は約 27.3 日である．これらのデータから，静止衛星（周期 1 日）の軌道半径が R の何倍になるか求めよ．

C

16-4. ケプラーの第3法則により，地球（質量を M とする）のまわりで等速円運動する衛星の軌道半径 a と周期 τ との間には，万有引力定数を G として，$\tau^2 = \dfrac{4\pi^2}{GM}a^3$ の関係があった．また，地表での万有引力が重力である事から，$gR^2 = GM$ が成り立つ．

(a) g を a, τ, R で表せ.

(b) 前問で与えた月の軌道半径と周期を用いて g の値を計算せよ.

16-5. 周期2時間で，地球のまわりで円を描いて周回する人工衛星を打ち上げた．この軌道は，地球の赤道を含む平面内にある．

(a) この衛星の高度を求めよ.

(b) 赤道上の1点からこの衛星を観測した．周回の向きが自転の向きと同じであるとして，連続して観測できる時間はどれだけか求めよ.

16-6. 2次元極座標系で，

$$r(t) = a\,e^{\mu t} + b\,e^{-\mu t}$$

$$\theta(t) = \omega t$$

と表される質点の運動がある．位置ベクトルは，

$$\boldsymbol{r}(t) = r(t)\,\boldsymbol{e}_r, \quad \boldsymbol{e}_r = \cos\theta(t)\,\boldsymbol{i} + \sin\theta(t)\,\boldsymbol{j}$$

となる．ここで，a, b, μ, ω は正の定数で，$a < b$，$\mu < \omega$ とする.

(a) 速度 $\boldsymbol{v}(t)$, 加速度 $\boldsymbol{a}(t)$ を求めよ.

(b) 質点が最も原点に近づく時刻 τ と，その距離 $(r(\tau))$ を求めよ.

(c) $\boldsymbol{v}(\tau), \boldsymbol{a}(\tau)$ を求め，図示せよ.

(d) $\omega\tau = \pi$ となるときには，$\boldsymbol{r}(0) = \boldsymbol{r}(2\tau)$ が成り立つことを示せ.

(e) $\boldsymbol{v}(0), \boldsymbol{v}(2\tau), \boldsymbol{a}(0), \boldsymbol{a}(2\tau)$ を求め，図示せよ.

(f) この物体の軌道の概略図を描け.

16-7. 太陽のまわりを回る地球の運動を等速円運動とみて，以下の手続により，地球と太陽の平均密度の比を求めよ．但し，太陽と地球の中心間の距離を L，地球の公転周期を T，万有引力定数を G，地表での重力加速度の大きさを g とし，次の記号を用いよ.

太陽の半径：$R_{\odot}$　　太陽の密度：$\rho_{\odot}$

地球の半径：$R_{\oplus}$　　地球の密度：$\rho_{\oplus}$

(a) 太陽の質量 $M_{\odot}$ および地球の質量 $M_{\oplus}$ を上の記号で表せ.

(b) 太陽のまわりの地球の運動方程式より，$M_{\odot}$ を上の記号で表せ.

(c) 地表での万有引力が重力であることより，$M_{\oplus}$ を上の記号で表せ.

(d) $\dfrac{\rho_{\oplus}}{\rho_{\odot}}$ を上の記号で表せ.

(e) 地球からは，太陽と月はほぼ同じ大きさに見える．五円玉の穴（直径 5.0 mm）に満月がぴったり収まるとき，目から五円玉まで 53 cm であった．$\dfrac{R_{\odot}}{L}$ の値を求めよ.

(f) $\dfrac{\rho_{\oplus}}{\rho_{\odot}}$ の値を求めよ.

16-8. 太陽のまわりの地球の運動も，地球のまわりの月の運動も，ほぼ等速円運動と見なされる．地球の軌道半径は 149 500 000 km，周期は 365 日，月の軌道半径は 385 000 km，周期は 27.3 日である．これらのデータから，太陽の質量が地球の質量の何倍か求めよ．

16-9. 水平な台の上に，滑らかな内面を持つ長さ L の真直ぐなガラス管を置き，その中央に質量 m の小球を静止させて置く．ガラス管を，その一端を中心として，台上で一定の角速度 ω で回転させた．回転の中心を原点とし，始めにガラス管が置かれていた向きを基準方位線とする 2 次元極座標系を用いて，以下の問に答えよ．

    (a) 小球 m がガラス管から受ける垂直抗力を N として，運動方程式を成分で書け．

    (b) この運動の束縛条件は，$\theta(t) = \omega t$ である．運動方程式を積分して，r と N を時刻 t の関数として求めよ．

    (c) N を r の関数として表し，その概形をグラフに描け．

    (d) 小球がガラス管の端から飛び出す時刻 τ を求めよ．

    (e) 小球がガラス管の端から飛び出す速さと，ガラス管に対する向きを求めよ

16-10. 図のように，近日点距離が r_1，遠日点距離が r_2 の楕円軌道を描いて地球のまわりを回る人工衛星がある．

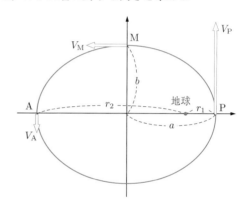

    (a) 楕円軌道の長軸半径 a，短軸半径 b を r_1, r_2 を用いて表せ．

    (b) $r_2 = kr_1 (k > 1)$ であるとして，図の点 M 及び点 A（遠日点）での人工衛星の速さ V_M, V_A は，点 P（近日点）での速さ V_P の何倍になるか求めよ．

演習問題 17

A

17-1. 水平面に対して角 θ をなす滑らかな面を持つ台がある．この台を水平面上で動かし，斜面上に置いた小物体が動かないようにするには，台をどのように動かせばよいか答えよ．

17-2. 質量 m の列車が北緯 ϕ の緯線に沿って速さ v で走る．東向きと西向きとで線路への力はどう変わるか．（コリオリの力を考えよ．）

B

17-3. 速さ v の物体のエネルギーをその質量によるものとして，$m(v) c^2$ と考える．ここから静止しているときのエネルギー $m_0 c^2$ を引いた残りを，$v \ll c$ の近似の下で求めよ．ここで，$m(v) = \dfrac{m_0}{\sqrt{1 - \dfrac{v^2}{c^2}}}$ である．

17-4. アインシュタインの特殊相対性理論によれば，物体の質量 m はその速さ v によって変化し，$m(v) = \dfrac{m_0}{\sqrt{1 - \frac{v^2}{c^2}}}$ で与えられる．ここで c は真空中の光の速さ，m_0 は静止質量と呼ばれる定数である．

(a) $\dfrac{dm}{dt} = \dfrac{mv}{c^2 - v^2}\dfrac{dv}{dt}$ となることを示せ.

(b) この物体が直線（x 軸とする）上を運動している．この物体に作用する力を F として，運動方程式は $\dfrac{d}{dt}(mv) = F$ である．$\dfrac{d}{dt}(mv) = \dfrac{c^2}{v}\dfrac{dm}{dt}$ と書けることを示せ.

(c) F による微小な仕事 $F\,dx$ が，$c^2\,dm = d(mc^2)$ に等しいことを示せ.（これはエネルギーと仕事の等価性 $E = mc^2$ を示す一例である.）

C

17-5. 地球の自転のため，地上で運動する物体にもコリオリの力が働く．但し，速度と回転軸（地軸）は直交しない．このような場合，コリオリの力は，回転軸に垂直な速度成分に働くと考えればよい．自転軸と速度ベクトル $\boldsymbol{v}$ のなす角度を θ とし，地球の自転の角速度を ω_0 とすると，$\left|\boldsymbol{f}^{\mathrm{Co}}\right| = 2m\omega_0 |\boldsymbol{v}| \times \sin\theta$ と修正される．

　北緯 ϕ の地点 P の上空 h のところから、質量 m 質点を初速度ゼロで自由落下させた．P 点を原点とし、鉛直上向きに z 軸、水平面内の西から東向きに x 軸、南から北向きに y 軸をとる．地球の自転の角速度 ω_0 は大変小さいので，自由落下を始めてから t 秒後の質点 m は，z 軸の負の向き（鉛直下方）に向かって速さ gt で落下していると近似できる．即ち，

$$\frac{dz}{dt} = -gt, \quad \Rightarrow \quad \left|\boldsymbol{f}^{\mathrm{Co}}\right| = 2m\omega_0 gt \sin\left(\frac{\pi}{2} - \phi\right)$$

ここで、g は重力加速度の大きさである．空気の抵抗や風の影響は無視し，以下の問に答えよ．

(a) 落下する質点は地軸に近づくので，コリオリの力は右向き，即ち東向き（x 軸の正の向き）に作用する．重力とコリオリの力を考慮して運動方程式を書き下せ.

(b) 座標が以下で与えられることを示せ.

$$x = \frac{\omega_0 g \cos\phi}{3} t^3$$

$$y = 0$$

$$z = h - \frac{g}{2} t^2$$

(c) x–z 平面内での質点 m の軌道の方程式が，次式で与えられることを示せ.（Neil の方程式と呼ばれる。）

$$x = \frac{\omega_0 \cos\phi}{3} \sqrt{\frac{8(h-z)^3}{g}}$$

(d) 東京スカイツリーのてっぺん（$h = 634\,\mathrm{m}$, $\phi = 35.7$ 度）から落としたとすると，落下点は P からどれだけずれるか求めよ.

17-6. 前問で，地表から真上へ向けて速さ v_0 で投げ上げたとする．このときには地軸から離れていくので，コリオリの力は落下するときとは逆に西向きに作用する．一般に，運動方程式の x 成分は，

$$m\frac{\mathrm{d}^2 x}{\mathrm{d}t} = -2m\omega_0 \frac{\mathrm{d}z}{\mathrm{d}t}\cos\phi$$

となる．質点はどこに落ちるか求めよ．

17-7. 水平面上を滑らかに滑る台がある．台の質量は M で，傾角 θ の滑らかな斜面を持つ．図のように，この斜面上を質量 m の小物体が，初速度 0 で滑り落ちる．小物体と台の加速度を求めよ．（加速度運動する台の上で小物体が運動すると考えよう．）

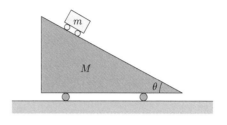

17-8. 電場 $\boldsymbol{E}$，磁場 $\boldsymbol{H}$ は，$c = \dfrac{1}{\sqrt{\varepsilon_0 \mu_0}}$ として，ともに次の偏微分方程式を満たす．

$$\frac{\partial^2 \boldsymbol{E}}{\partial t^2} = c^2 \Delta\boldsymbol{E}, \qquad \frac{\partial^2 \boldsymbol{H}}{\partial t^2} = c^2 \Delta\boldsymbol{H}. \qquad \text{ここで } \Delta\boldsymbol{E} = \frac{\partial^2 E_x}{\partial x^2} + \frac{\partial^2 E_x}{\partial y^2} + \frac{\partial^2 E_x}{\partial z^2}$$

Lorentz 変換 (17.4) の下で，上記の波動方程式が不変であることを示せ．

演習問題 18

A

18-1. 図の棒は軽いとする．全体の重心を G として長さ x_G を求めよ．

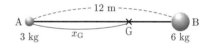

18-2. 次の場合の重心の位置ベクトルを求めよ。

(a) $\boldsymbol{r}_1 = 2\boldsymbol{i} - 2\boldsymbol{j}$ に 5 kg の質点 m_1，$\boldsymbol{r}_2 = -4\boldsymbol{i} + 6\boldsymbol{j}$ に 3 kg の質点 m_2

(b) $\boldsymbol{r}_1 = \boldsymbol{i} - 2\boldsymbol{j} + 2\boldsymbol{k}$ に 2 kg の質点 m_1，$\boldsymbol{r}_2 = -4\boldsymbol{i} + 3\boldsymbol{j} - 4\boldsymbol{k}$ に 4 kg の質点 m_2

18-3. 質量 m_1 の質点 1 と質量 m_2 の質点 2 が長さ ℓ の軽い棒でつながっており，その重心に糸が結ばれて棒が水平になるように吊るされている．質点 1 が $\boldsymbol{r}_1$ に，質点 2 が $\boldsymbol{r}_2$ にあるとして，重心の回りの重力による力のモーメントの合計を計算せよ．

18-4. 長さ ℓ の軽い棒の両端に，質量 m_A，m_B（全質量 M）の質点 A, B を取り付けた物体を，水平から θ の角度の方向に投げ上げた．質点 A, B は物体の重心を通り，棒に垂直な軸のまわりに回転しながら飛んだ．$t = 0$ での重心 G の位置を原点 O，水平方向に x 軸，鉛直上向きに y 軸をとる．物体（質点 A, B も）は常に xy 面内を運動するものとする．$t = 0$ で重心の速さは v_0，棒は水平で，重心回りの角速度の大きさは ω_0 だった．

(a) 重心の位置ベクトルを $\boldsymbol{r}_G$ として，重心の運動方程式を書け．

(b) 運動方程式から重心の運動を予想し，重心の速度 $\boldsymbol{v}_G$ と位置 $\boldsymbol{r}_G$ を求めよ．

(c) 物体の全運動量 $\boldsymbol{P}$ を求めよ．

(d) 重心系（質量中心系）で重心回りの力のモーメント $\boldsymbol{N}'$ を求めよ．

(e) 重心系での角運動量を $\boldsymbol{L}'$ として，その時間変化を表す式を書け．

(f) 運動方程式から重心系では物体はどのような運動をするか答えよ．

(g) 物体の原点 O 回りの全角運動量 $\boldsymbol{L}$ を求めよ．

B

18-5. 滑らかな水平な床の上に静止して置かれた長さ ℓ，質量 M の板の上を，質量を m の人が端から端まで歩いた．板が床の上を移動する距離を求めよ．

18-6. 図のように，質量 $2m$ と m の2個の物体を滑らかな斜面上に置き，摩擦の無視できる小さな定滑車を介して糸で連結した．各物体の加速度と糸の張力を求めよ．

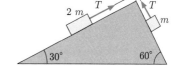

18-7. 密度が一様で，底面の半径 R，高さ h の円錐がある．

(a) 底面に平行な平面で切ったときに，下の円錐台と残りの円錐の質量が等しくなる高さを求めよ．

(b) 重心の位置を求めよ．

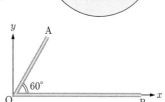

18-8. 図のように，半径 r の一様な円盤（重心は O）から，半径 $\dfrac{r}{4}$ の円盤を切り取ったとき，残りの部分の重心を G とする．OG 間の距離 x を求めよ．

18-9. 図のように座標系をとり，質量 $3m$ の一様な材質の針金を折り曲げて作った物体 AOB の重心の位置を求めよ．ただし，OA＝4 m，OB＝8 m とする．

C

18-10. 万有引力により，互いに相手の周りを回っている質量 m，M の2つの星がある．この回転運動の周期は，質量の和 $m + M$ できまり，質量比には無関係であることを示せ．

18-11. 質量 m の3個の粒子 A,B,C がある．A と B はばね定数 k のばねで結ばれて，滑らかで水平な床の上に静かに置かれている．いま，図のように C が速度 v_0 で B に弾性衝突した．衝突後の C の速度，A と B の質量中心の速度，および A と B の振動の周期と振幅を求めよ．但し，速度は，右向きを正とする．

演習問題 19

A

19-1. $\beta = 2\cos\theta$ であるとき，以下の等式を証明せよ．

$$\frac{\sin 2\theta}{\sin \theta} = \beta, \quad \frac{\sin 3\theta}{\sin \theta} = \beta^2 - 1$$

（式 (19.26) で $n = 2, 3$ と置くと，式 (19.24),(19.25) となる．）

B

19-2. 行列式 (19.21) がゼロとなる θ は，式 (19.22) の $\ell = 1, 2, \cdots, N$ 以外にも無数に考えられる．たとえば，$\ell = N + 1, N + 2$ を除外する理由を考えよ．

19-3. 第 ℓ 基準振動の解 (19.27) が，運動方程式 (19.17) を満たしていることを確かめよ．

19-4. 問 19.3 に習って，$N = 3, 4$ の基準振動を求めよ．

19-5. $N = 3$ の基準座標 q_n を求めよ．また，基準座標 q_k を用いて各質点の座標 x_n を表せ．この結果と前問の基準振動との関係を考察せよ．

C

19-6. 質量 m の 2 個のおもりを長さ ℓ の軽い糸でつるし，ばね定数 k の軽いばねで連結した．それぞれの質点の釣り合いの位置を O_1, O_2 とする．$\overline{O_1 O_2}$ はばねの自然長に等しくなるようにした．

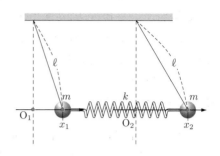

    (a) おもりが微小振動するとき，鉛直方向の変位は水平方向の変位に対して無視できる理由を説明せよ．

    (b) 振り子の復元力は，ばね定数 $\dfrac{mg}{\ell}$ のばねと同じであることを用いて，微小振動の基準振動と基準座標を求めよ．

19-7. 質量 m のおもりを鉛直に立てた弾性棒の先端に取り付け，左右に微小振動させると，ばね定数 k_0 のばねにつないだときと同じ角振動数の単振動となった．この装置を 3 つ作り，一直線上に等間隔 a で設置し，自然長が a，ばね定数 k の 2 つの軽いばねで各質点をつないだ．3 つの質点を，弾性棒を並べた方向で微小振動させたときの基準振動と基準座標を求めよ．

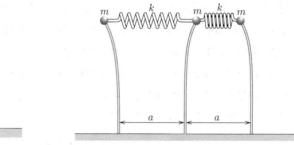

19-8. 質量 m の小物体 2 個を長さ ℓ の軽い糸で結び，更に同じ糸で小物体の一方を天井からつるして，鉛直面内で微小振動させた．この問題は，第 10 章の演習問題で取り扱ったものである．そこでの議論を参考にして，この系の基準振動と基準座標を求めよ．尚，微小変位 x_1, x_2 と微小な振れ角 θ_1, θ_2 の関係は，$x_1 = \ell\theta_1$，$x_2 = \ell(\theta_1 + \theta_2)$ である．また，鉛直方向の力の釣り合いから，糸の張力は，$T_1 = 2mg$，$T_2 = mg$ となる．

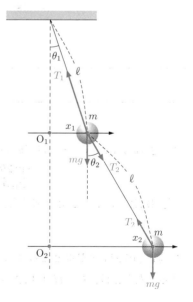

19-9. 以下の等式を証明せよ．ここで，$\delta_{\ell\ell'}$ は $\ell = \ell'$ のとき 1，$\ell \neq \ell'$ のとき 0 を表す記号で，クロネッカーのデルタ (Kronecker delta) とよばれる．

$$\sum_{n=1}^{N} \sin\left(\frac{n\ell\pi}{N+1}\right) \sin\left(\frac{n\ell'\pi}{N+1}\right) = \delta_{\ell\ell'} \frac{N+1}{2}$$

演習問題 20

A

20-1. 次の 2 つの場合について．合力 **F** の大きさと，図中の x を求めよ．

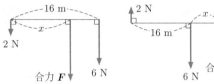

20-2. 図のように長さ 4 m の棒 AB が A 端を支点として水平に支えられている．B 端には質量 50 kg の荷物が下げられ，棒の中点 C でロープで上に引かれている．

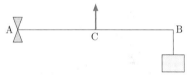

(a) つり合い状態で，棒以外から棒に作用するすべての力を求めよ．

(b) A 端を中心とするすべての力のモーメントを求めよ．

B

20-3. 図のように，長さ ℓ の軽い（＝質量が無視できる）はしごが，粗い床面と角 α となる状態で，壁に立てかけてある．壁は滑らかで，はしごと床面の間の静止摩擦係数が μ であるとする．このはしごを体重（＝この人に働く重力）が W の人が昇る．この人を質点と見なし，その位置を C とする．はしごが滑らないために BC の長さが満たすべき条件を求めよ．

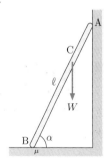

20-4. 図のように，質量 m，長さ L の一様な棒 AB の端 A に糸を結び，この糸の他端を鉛直に立てた杭 CD 上の点 Γ につなぎ，棒を杭の上に置いたところ，棒は水平になり静止した．このとき，棒が杭と接する点 C は A から距離 $\dfrac{L}{4}$ にあり，糸が杭となす角は θ であった．糸の張力の大きさを求めよ．

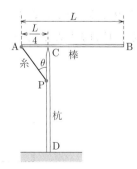

演習問題 21

A

21-1. シーソーで支点から 4.0 m のところに体重 30 kg の子供が座り，向かい側に体重 60 kg の大人が座る．シーソーの質量は無視する．シーソーをつり合わせるためには，大人はどこに座ればよいか．

21-2. 下図のように，重さが無視できる軽い棒で質量 50.0 kg の物体を水平に支えるとき，2 人の肩 A, B にかかる力 F_A, F_B を求めよ．

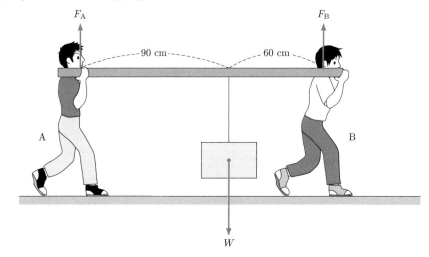

B

21-3. 質量 m，長さ L の一様な棒をちょうつがいで 2 本連結し，その連結部分 C とする．さらに棒の一端 A をちょうつがいで壁に取り付けた．壁から離れた方の棒のある点 B に上向きの力を加えて 2 本の棒を水平に保ったとき，A 端に働く力の大きさと CB 間の距離を求めよ．

C

21-4. 図のように軽い剛体でできた 2 つの円弧 $\overset{\frown}{AC}$, $\overset{\frown}{BC}$ が点 C でピンを用いてつながれ，点 A と B で床とピン止めされている．図の位置に荷重（＝力）W が加えられた．ピン A, B, C の抗力を求めよ．ただし，円弧はともに半径 a の円の 4 分の 1 である．

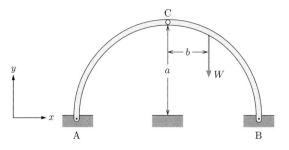

21-5. 2個の等しい球（重さを W, 半径を a とする）を互い に接触させて床の上に置いた. 図のように, 両球の中 心線の方向に, 球の両側から F_1 と F_2 $(F_1 > F_2)$ の 力で押す. 接触の静止摩擦係数をすべて μ としたとき, 平衡状態が実現するのは,

$$F_1 - F_2 \leqq \mu(F_1 + F_2) \quad \text{かつ} \quad F_1 - F_2 \leqq \frac{2\mu}{1+\mu}W$$

が成り立つ場合であることを示せ.

21-6. 図のような折りたたみ椅子がある. C, D, E は 滑らかなピンで, A, B は滑らかな床に置かれ ている. 図の F に荷重 W を加えたとき, ピン E から棒 BC に働く力 (X_E, Y_E), 点 A, B が床 から受ける垂直抗力 N_A, N_B を求めよ. ただし, $\overline{\text{AB}} = \overline{\text{AC}} = a$, $\overline{\text{CF}} = \alpha a$ とする.

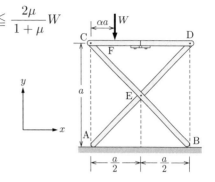

21-7. 図のように, 内径 b の滑らかな直円筒を水平 面上に立て, その中に重さが W_0 で直径 a の 滑らかな2個の球 1, 2 を入れた. $\dfrac{b}{2} < a < b$ が成り立つとき, 球2は, 球1と円筒面に 支えられ, 水平面から浮き上がった状態に なる. このとき, 円筒が軽いと図の点 A を 中心として回転し, 倒れてしまう. 倒れな いために円筒の重さ W が満たすべき条件 を求めよ.

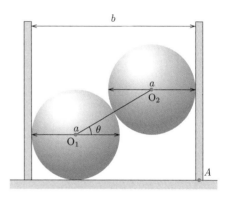

A

22-1. 綱渡りをする人が, 長いポールをもつ理由を考えよ.

22-2. 質量 $m = 500\,\text{g}$, 半径 $r = 20\,\text{cm}$ の金属の輪が 1 s 間に 2 回転している.

(a) 輪の角速度の大きさ ω を求めよ.

(b) 輪の速さ v を求めよ.

(c) $K = \dfrac{1}{2}mv^2$ を用いて輪の運動エネルギー K を求めよ.

(d) $K = \dfrac{1}{2}I\omega^2$ と (c) の結果より輪の慣性モーメント I を求めよ.

(e) $L = mr^2\omega$ を用いて輪の角運動量の大きさ L を求めよ.

(f) $L = I\omega$ と (e) の結果より輪の慣性モーメント I を求めよ.

(g) 輪の慣性モーメントは $I = mr^2$ で与えられることを用いて, 慣性モーメント I を求 め, (d), (f) と比較せよ.

22-3. 次の剛体の回転軸まわりの角運動量の大きさ L と運動エネルギー K を求めよ．ただし，それぞれの剛体の密度は一様とする．剛体の慣性モーメントはテキストを参考にすること．

(a) 質量 $M = 2\,\mathrm{kg}$，長さ $\ell = 0.4\,\mathrm{m}$ の棒が重心の回りに角速度 $\omega = 3\pi\,\mathrm{rad/s}$ で回転している．

(b) 質量 $M = 2\,\mathrm{kg}$，長さ $\ell = 0.4\,\mathrm{m}$ の棒が棒の一端の回りに角速度 $\omega = 3\pi\,\mathrm{rad/s}$ で回転している．

(c) 質量 $M = 3\,\mathrm{kg}$，半径 $R = 0.2\,\mathrm{m}$ の円盤が中心を通り面に垂直な回転軸にして角速度 $\omega = 4\pi\,\mathrm{rad/s}$ で回転している．

(d) 質量 $M = 3\,\mathrm{kg}$，半径 $R = 0.2\,\mathrm{m}$ の円盤が水平面上を転がっている．回転軸は水平で，中心の速さは $v = 4\,\mathrm{m/s}$ である．

B

22-4. 次の剛体の慣性モーメント I を求めよ．ただし，それぞれの剛体の密度は一様とする．

(a) 質量 M，半径 a の輪．回転軸は輪の中心を通り，輪の面に垂直．

(b) 質量 M，半径 a の円板．回転軸は円板の中心を通り，円板に垂直．

(c) 質量 M，半径 a の球．回転軸は球の中心を通る．

22-5. 次のそれぞれの剛体の密度は一様とする．

(a) 質量 M，半径 a の円板．中心（原点とする）を通り，円板に垂直な方向を z 軸とする．z 軸回りの慣性モーメントは $I_z = \dfrac{1}{2}Ma^2$ である．x 軸回りの慣性モーメント I_x を求めよ．

(b) (a) の円板で，円板の縁上の一点を通り円盤に垂直な直線を回転軸とした場合の慣性モーメント I を求めよ．

(c) 質量 M，一辺の長さが a の正方形の対角線の交点を通り，正方形に垂直な方向を z 軸とする．正方形の各辺をそれぞれ x 軸，y 軸に平行に置いたときの x 軸回りの慣性モーメント I_x を求めよ．

(d) (c) の正方形で，正方形のひとつの頂点を通り正方形に垂直な直線を回転軸とした場合の慣性モーメント I を求めよ．

C

22-6. 以下の場合の慣性モーメントを求めよ．

(a) 半径 r の一様な円板を，周上の 1 点 O を通り円板に垂直な水平軸のまわりに振らす．

(b) 同じ円板を，点 O を通る円板の接線を水平軸として振らす

(c) 剛体棒でつくった 1 辺の長さ ℓ の正三角形を，1 つの頂点 O を通り，三角形の面に垂直かつ水平な軸のまわりで振らす．

(d) 同じ三角形を，点 O を通り底辺に平行かつ水平な軸のまわりで振らす．

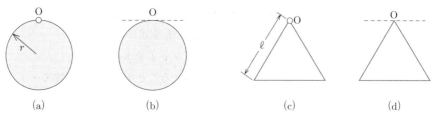

(a)　　　　　(b)　　　　　(c)　　　　　(d)

演習問題 23

A

23-1. 次の質点の直線運動と固定軸のまわりの剛体の回転運動を解き，比較せよ．

- (a) 質量 $m = 10\,\text{kg}$ の静止していた質点に，一定の力 $F = 100\,\text{N}$ が作用し続ける．10 秒間での移動距離を求めよ．
- (b) 固定軸まわりの慣性モーメント $I = 10\,\text{kg·m}^2$ の静止していた剛体に一定の力のモーメント $N = 100\,\text{N·m}$ が作用し続けるとする．10 秒間での回転角を求めよ．

23-2. 半径 $20\,\text{cm}$ の円筒が水平な中心軸の回りで自由に回転できるようになっている．この円筒の円周上に糸を巻きつけておき 水平方向に $1.5\,\text{N}$ の力で引きながら，糸をほどいていく．円筒と回転軸の部分を合わせた慣性モーメントを $0.60\,\text{kg·m}^2$ とする．円筒が静止している状態から糸を引き始めると，円筒はどのような運動を行うか．糸を引き始めた時刻を $t = 0\,\text{s}$ とする．

- (a) 円筒の運動方程式を書き，角加速度 $\dfrac{\text{d}\omega}{\text{d}t}$ を求めよ．
- (b) 時刻 t での円筒の角速度 $\omega(t)$，および回転角 $\theta(t)$（$\theta(0) = 0$ とする）を求めよ．
- (c) 長さ $10\,\text{m}$ 引いたところで，糸がなくなり，その後，円筒は定速回転した．このときの角速度，および回転の運動エネルギーを求めよ．
- (d) 糸を引く力が行う仕事を求め，(c) の運動エネルギーとの関係を説明せよ．

B

23-3. 長さ a の針金の一端に半径 R，質量 M の球 $\left(\text{重心まわりの慣性モーメントは } I_{\text{G}} = \dfrac{2}{5}MR^2\right)$ をつけ，他端を適当な支持具（支点）で受けて振子をつくる（ボルダの振り子）．鉛直線からの振れ角を $\theta(t)$ で表わす．重力加速度の大きさを g とする．

- (a) 支点のまわりの慣性モーメント I を求めよ．支持具と針金の質量は無視する．平行軸の定理が使える．
- (b) 振り子の運動方程式が，$I\dfrac{\text{d}^2\theta}{\text{d}t^2} = -Mg(a + R)\sin\theta$ になることを説明せよ．
- (c) 振幅が小さく $\sin\theta \approx \theta$ であるとき，$g = \dfrac{4\pi^2(a + R)}{T^2}\left[1 + \dfrac{2R^2}{5(a + R)^2}\right]$ で表されることを示せ．ただし，T は振り子の周期である．これより，a，R，および T を測定すれば重力加速度の大きさを求めることができる．

23-4. 全質量 M の自動車が止まった状態から高さ h だけ斜面を下った．その際，エンジンは止めたままでブレーキはかけていなかった．下ったときの車の速さ v を求めよ．ただし，自動車のタイヤは 4 本で，半径が r の一様な円柱とし，1 本あたりの質量は m とする．

23-5. ケーターの振り子を用いて実験を行った．K_1，K_2 を支点としたときの周期が，τ_1，τ_2 となった．このとき重心の位置を調べると，支点 K_1，K_2 からの距離が ℓ_1，ℓ_2 であった．重力加速度の大きさ g は，次の式から求められることを示せ．

$$\frac{4\pi^2}{g} = \frac{1}{2}\left(\frac{{\tau_1}^2 + {\tau_2}^2}{\ell_1 + \ell_2} + \frac{{\tau_1}^2 - {\tau_2}^2}{\ell_1 - \ell_2}\right)$$

23-6. 長さ ℓ, 質量 M の一様な棒の一端を滑らかなピンで固定し，鉛直面内で自由に回転できるようにした装置がある．この棒が真っ直ぐぶら下げられて静止しているとき，棒の下端に大きさ v_0 の初速度を水平に与えた．

　　(a) 棒を水平の位置まで上昇させるためには，v_0 をいくらにすればよいか求めよ．

　　(b) 棒が同じ向きに回転し続けるためには，v_0 をいくら以上にすればよいか求めよ．

C

23-7. 図のように，天井から吊るした滑らかに回転する半径 R, 質量 M の定滑車に糸をかける．糸の一端に質量 m のおもりをつけ，他端にばね定数 k のばねを結びつける．ばねのもう一方の端は床に固定する．おもりがつり合いの位置を中心に鉛直方向に振動するとき，この振動の周期を求めよ．

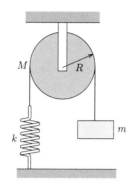

23-8. 図のように，長さ ℓ, 重さ W の剛体棒が，ピン D で止められている．棒に作用する重力は，棒の中央にかかる荷重 W と見なすことができる．棒の一端 A には，ばね定数 k のばねと繋がっており，棒は水平を保って静止している．いま，この棒を鉛直面内で微小振動させた．こ振動の周期を求めよ．

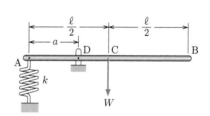

23-9. 角速度 ω_0 で回転している半径 r, 質量 M の回転子に，図のような機構でブレーキをかける．軽い剛体棒の一端に質量 m のおもりを吊るすと，回転子は何秒後に停止するか．ただし，点 C での接触の動摩擦係数は μ で，$\overline{\mathrm{AB}} = \ell$, $\overline{\mathrm{AC}} = a$ である．

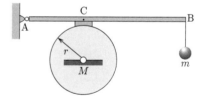

23-10. 図のように，ピン A と糸 BC によって水平に支えられた長さ ℓ, 重さ W の棒がある．

　　(a) 棒がピン A から受ける抗力を求めよ．

　　(b) 糸を切断した瞬間に，棒がピン A から受ける抗力を求めよ．

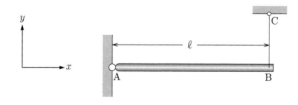

23-11. 宇宙船の回転を止める1つの方法として，図のように船体の点 P と P′ に取り付けたひも
の他端に付けた質量 m の小物体を振り放すやり方がある．これらの2個の小物体は，図
(a) に示した状態で一定の角速度 ω で回転を始め，図 (b) のようにひもが半径方向にまっ
すぐになったときに，点 P と P′ から同時に切り離される．ひもの長さを ℓ，宇宙船の半
径を R，慣性モーメントを I として，宇宙船を静止させるためには，ひもの長さはいく
らであればよいか求めよ．

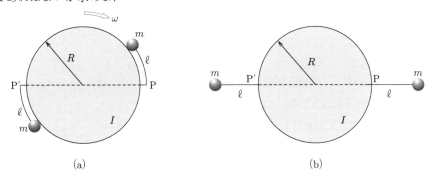

(a)   (b)

演習問題 24

A

24-1. 半径 r，質量 M の円板に糸を巻き付ける．図のように，糸の一端 B を
天井に固定し，円板を鉛直下方に落下させる．円板の落下の加速度と
糸の張力を求めよ．

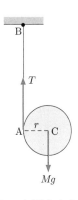

B

24-2. 半径 r，質量 M の2個のローラ A，B 上に質量 m の材木をのせ，外力 P て水平右向き
に引っ張る．材木の加速度を求めよ．ただし，各接触において滑らないものとする．

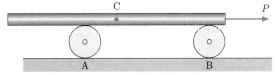

24-3. 半径 r，重さ W の円板が，巻き付けられた
糸によって，図のように水平右向きの力 P
で引っ張られ，粗い水平面上を滑ることなく
転がっている．静止摩擦係数を μ_0 として，

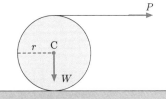

(a) 円板の中心 C の加速度を求めよ．

(b) 円板が滑らないための力 P に対する条件を求めよ．

24-4. 半径 r, 重さ W の円板が, 巻き付けられた糸によっ
て, 図のように斜面平行で上向きの力 P で引っ張ら
れ, 粗い水平面上を滑ることなく転がっている. 静
止摩擦係数を μ_0 として,

(a) 円板の中心 C の加速度を求めよ.

(b) 円板が滑らないための力 P に対する条件を求
めよ.

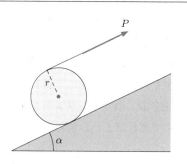

24-5. 半径 r, 重さ W が等しい円板と円輪がある. 両
者の中心を図のように相互に軽い棒で結び, 傾
角 α の斜面上を滑ることなく転がす. このと
き, 円板の加速度と棒に作用する力を求めよ.

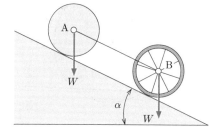

24-6. 半径 r の円柱が, 粗い水平面上を重心の速度 v で滑る
ことなく転がっている. いま, 図の位置で, ステップの
高さが a の階段の角 B に衝突した. 衝突直後の重心の
速さ u を, 点 B に関する角運動量の保存則を用いて求
めよ. ただし, 円柱は点 B で滑らないものとする.

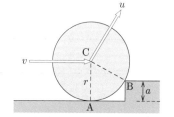

24-7. ビリヤードでは, 球が滑らずに転がって台の
枠と弾性衝突し, 同時に回転も完全に反転
して滑らずに転がっていくように設計され
ている. 台の枠の断面は図のようになってい
る. 突起の高さ h を求めよ. ただし, 球の
半径を a とする.

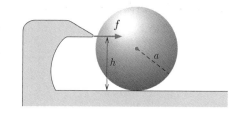

演習問題略解

演習問題 1

A

1-1. (a)〜(c) 丁寧に描きましょう.

(d) xz 平面について対称な関係　(e) 原点 O について対称な関係

1-2.

円筒座標系では $\left(15,\ \tan^{-1}\left(\dfrac{4}{3}\right),\ 36 \right)$　極座標系では $\left(39,\ \tan^{-1}\left(\dfrac{5}{12}\right),\ \tan^{-1}\left(\dfrac{4}{3}\right) \right)$

1-3. (a)　P : $(8,\ 0,\ 0)$　Q : $(8,\ 6,\ 0)$　R : $(8,\ 6,\ 24)$

(b)　$\overline{\mathrm{OQ}} = \sqrt{8^2 + 6^2} = 10\,\mathrm{m}$　$\overline{\mathrm{OR}} = \sqrt{8^2 + 6^2 + 24^2} = 26\,\mathrm{m}$

B

1-4. (a)　　　　　　　　　　(b)

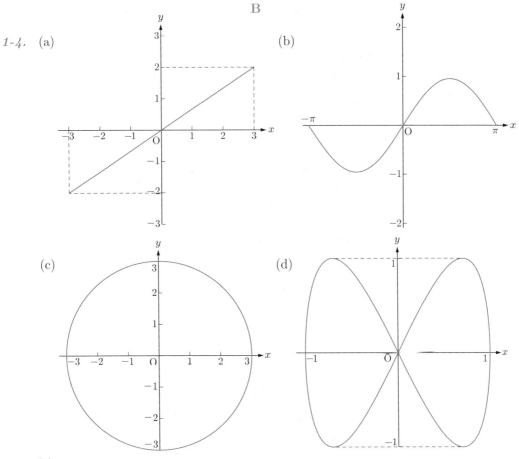

(c)　　　　　　　　　　(d)

1-5. (a)
$$x = r\sin\theta\cos\phi, \quad y = r\sin\theta\sin\phi, \quad z = r\cos\theta$$

$$r = \sqrt{x^2 + y^2 + z^2}, \quad \theta = \tan^{-1}\left(\frac{\sqrt{x^2 + y^2}}{z} \right), \quad \phi = \tan^{-1}\left(\frac{y}{x} \right)$$

(b)

$$\frac{\mathrm{d}x}{\mathrm{d}t} = \frac{\partial x}{\partial r}\frac{\mathrm{d}r}{\mathrm{d}t} + \frac{\partial x}{\partial \theta}\frac{\mathrm{d}\theta}{\mathrm{d}t} + \frac{\partial x}{\partial \phi}\frac{\mathrm{d}\phi}{\mathrm{d}t}$$

$$= \sin\theta\cos\phi\frac{\mathrm{d}r}{\mathrm{d}t} + r\cos\theta\cos\phi\frac{\mathrm{d}\theta}{\mathrm{d}t} - r\sin\theta\sin\phi\frac{\mathrm{d}\phi}{\mathrm{d}t}$$

$$\frac{\mathrm{d}y}{\mathrm{d}t} = \sin\theta\sin\phi\frac{\mathrm{d}r}{\mathrm{d}t} + r\cos\theta\sin\phi\frac{\mathrm{d}\theta}{\mathrm{d}t} + r\sin\theta\cos\phi\frac{\mathrm{d}\phi}{\mathrm{d}t}$$

$$\frac{\mathrm{d}z}{\mathrm{d}t} = \cos\theta\frac{\mathrm{d}r}{\mathrm{d}t} - r\sin\theta\frac{\mathrm{d}\theta}{\mathrm{d}t}$$

これらの式を代入，整理すれば表記の結果を得る.

演習問題 2

A

2-1. 変位，速度，加速度　　　*2-2.* $9.0\,\mathrm{km/h}$, $2.5\,\mathrm{m/s}$　　　*2-3.* $0.8\,\mathrm{m/s}$, $1.6\,\mathrm{m/s}$

2-4. (a)　$(x,\,y) = (5t,\,2400 - 5t)$ より t を消去すると $y = -x + 2400$. このグラフを描けば良い.

(b)　$y = 0$ になる時刻を求めると，$t = 480\,\mathrm{s}$.　　(c)　$45°$.

2-5. ベクトルの式から，対応する図を描く．または，図から式をつくる.

(a) 〜 (d) 順を追って考える.　　(e)　Y 字形になる．3 角形に描くこともできる.

B

2-6. (a)

$$\boldsymbol{A} \times (\boldsymbol{B} \times \boldsymbol{C}) = \boldsymbol{A} \times \begin{vmatrix} \boldsymbol{i} & \boldsymbol{j} & \boldsymbol{k} \\ B_x & B_y & B_z \\ C_x & C_y & C_z \end{vmatrix} = \begin{vmatrix} \boldsymbol{A}\times\boldsymbol{i} & \boldsymbol{A}\times\boldsymbol{j} & \boldsymbol{A}\times\boldsymbol{k} \\ B_x & B_y & B_z \\ C_x & C_y & C_z \end{vmatrix}$$

$$= \begin{vmatrix} A_z\boldsymbol{j} - A_y\boldsymbol{k} & A_x\boldsymbol{k} - A_z\boldsymbol{i} & A_y\boldsymbol{i} - A_x\boldsymbol{j} \\ B_x & B_y & B_z \\ C_x & C_y & C_z \end{vmatrix}$$

$$= (A_z\boldsymbol{j} - A_y\boldsymbol{k})(B_yC_z - B_zC_y)$$

$$+ (A_x\boldsymbol{k} - A_z\boldsymbol{i})(B_zC_x - B_xC_z)$$

$$+ (A_y\boldsymbol{i} - A_x\boldsymbol{j})(B_xC_y - B_yC_x)$$

$$= \{(A_yC_y + A_zC_z)B_x - (A_yB_y + A_zB_z)C_x\}\boldsymbol{i}$$

$$+ \{(A_xC_x + A_zC_z)B_y - (A_xB_x + A_zB_z)C_y\}\boldsymbol{j}$$

$$+ \{(A_xC_x + A_yC_y)B_z - (A_xB_x + A_zB_y)C_z\}\boldsymbol{k}$$

$$= \{(\boldsymbol{A}\cdot\boldsymbol{C})B_x - (\boldsymbol{A}\cdot\boldsymbol{B})C_x\}\boldsymbol{i}$$

$$+ \{(\boldsymbol{A}\cdot\boldsymbol{C})B_y - (\boldsymbol{A}\cdot\boldsymbol{B})C_y\}\boldsymbol{j}$$

$$+ \{(\boldsymbol{A}\cdot\boldsymbol{C})B_z - (\boldsymbol{A}\cdot\boldsymbol{B})C_z\}\boldsymbol{k} = (\boldsymbol{A}\cdot\boldsymbol{C})\boldsymbol{B} - (\boldsymbol{A}\cdot\boldsymbol{B})\boldsymbol{C}$$

(b)　$\boldsymbol{A} \times (\boldsymbol{B} \times \boldsymbol{C}) + \boldsymbol{B} \times (\boldsymbol{C} \times \boldsymbol{A}) + \boldsymbol{C} \times (\boldsymbol{A} \times \boldsymbol{B})$

$\quad = (\boldsymbol{A} \cdot \boldsymbol{C})\,\boldsymbol{B} - (\boldsymbol{A} \cdot \boldsymbol{B})\,\boldsymbol{C} + (\boldsymbol{B} \cdot \boldsymbol{A})\,\boldsymbol{C} - (\boldsymbol{B} \cdot \boldsymbol{C})\,\boldsymbol{A} + (\boldsymbol{C} \cdot \boldsymbol{B})\,\boldsymbol{A} - (\boldsymbol{C} \cdot \boldsymbol{A})\,\boldsymbol{B}$

$\quad = 0$

2-7.
$$\boldsymbol{A} \cdot (\boldsymbol{B} \times \boldsymbol{C}) = \begin{vmatrix} A_x & A_y & A_z \\ B_x & B_y & B_z \\ C_x & C_y & C_z \end{vmatrix} = 0$$

2-8. (a)　川下の向きに $17\,\mathrm{m/s}$. 速度はベクトルなので,「向き」も答える必要がある.

(b)　川下の向きから $\tan\theta = 12/5\,(= 2.4)$ になる角度 θ の向きに $13\,\mathrm{m/s}$.

C

2-9. (a)　車の右前の角の軌道と人の軌道の交点に着目する. v の最小値は $\dfrac{\ell}{d\sin\phi + \ell\cos\phi}\,V$.

(b)　分母を最大にする. $\tan\phi = \dfrac{d}{\ell}$ のとき $\dfrac{\ell}{\sqrt{d^2 + \ell^2}}\,V$ これは,歩行者から見て,車の右前の角の向きに対して直角の向き.

(c)　安全に渡れるための条件：$\sqrt{\dfrac{2}{\alpha}\left(d + \dfrac{\ell}{\tan\phi}\right)} > \dfrac{1}{v} \cdot \dfrac{\ell}{\sin\phi}$ v の最小値は

$\sqrt{\dfrac{\alpha\ell^2}{2\sin\phi(d\sin\phi + \ell\cos\phi)}}$. 更に ϕ を変えたときの最小値は $\tan\phi = \dfrac{d + \sqrt{d^2 + \ell^2}}{\ell}$

のとき $\sqrt{\alpha\left(\sqrt{d^2 + \ell^2} - d\right)}$ これは,歩行者から見て,車の右前の角の向きと,自動車の進行する向きを二等分する向き.

2-10. (a)　$v(x) = \dfrac{4}{\ell^2}x(\ell - x)\,v_0$

(b)　岸から見たボートの速度は,$\dfrac{\mathrm{d}x}{\mathrm{d}t} = V$, $\dfrac{\mathrm{d}y}{\mathrm{d}t} = v(x)$. 従って,$\dfrac{\mathrm{d}y}{\mathrm{d}x} = \dfrac{\left(\frac{\mathrm{d}y}{\mathrm{d}t}\right)}{\left(\frac{\mathrm{d}x}{\mathrm{d}t}\right)} =$

$\dfrac{4v_0}{V\ell^2}x(\ell - x)$. これを積分する. 軌跡は $y = \dfrac{4v_0}{3V\ell^2}x^2\left(\dfrac{3\ell}{2} - x\right)$, 到着地点は

$y = \dfrac{2v_0}{3V}\ell$, 所要時間は $\dfrac{\ell}{V}$

(c)　岸から見たボートの速度は,$\dfrac{\mathrm{d}x}{\mathrm{d}t} = V\cos\theta$, $\dfrac{\mathrm{d}y}{\mathrm{d}t} = v(x) - V\sin\theta$ となる. 従って,

$\dfrac{\mathrm{d}y}{\mathrm{d}x} = \dfrac{4v_0}{\ell^2 V\cos\theta}x(\ell - x) - \tan\theta$. これを積分する. $y(\ell) = 0$ より $\sin\theta = \dfrac{2v_0}{3V}$ と決まる. このとき軌跡は

$$y = \dfrac{4v_0}{3\ell^2 V\cos\theta}x\left(\dfrac{3\ell}{2}x - x^2 - \dfrac{\ell^2}{2}\right) = \dfrac{4v_0}{3\ell^2 V\cos\theta}x\,(\ell - x)\left(x - \dfrac{\ell}{2}\right)$$

所要時間は $\dfrac{\ell}{V\cos\theta}$ 但し,$\cos\theta = \sqrt{1 - \left(\dfrac{2v_0}{3V}\right)^2}$

(b) の軌跡のグラフ

(c) の軌跡のグラフ

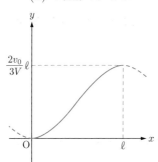

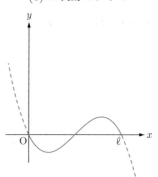

(d) $\dfrac{\mathrm{d}y}{\mathrm{d}t} = v(x) - V\sin\theta = 0$ となるように θ を
x に応じて変化させる. このとき船の速さは,

$$V\cos\theta = \sqrt{V^2 - v(x)^2}$$

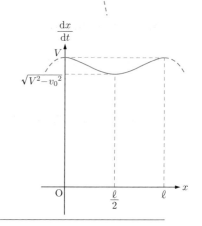

演習問題 3

A

3-1. (a) $3.0\,\mathrm{m/s^2}$ (b) $\left(\dfrac{1}{2},\ -\dfrac{3}{2},\ -2\right)\mathrm{m/s^2}$ (c) $-2\boldsymbol{i} + 2\boldsymbol{j}\ \mathrm{[m/s^2]}$

3-2. (a) しっかり描こう.

     (b) $72.18\,\mathrm{m/s}$. ごく短い時間内の平均速度とは何かを考える.

     (c) $72\,\mathrm{m/s}$. (b) で時間幅 Δt を極限的に短くする. これが微分法の発想である.

     (d) $v = \dfrac{dx}{dt} = 3.6\,t\,\mathrm{[m/s]}$. 微分公式を自分でつくる. 物理的に考えてみよう.

3-3. (a) $v(t) = b,\ a(t) = 0$ (b) $v(t) = -b\omega\sin\omega t,\ a(t) = -b\omega^2\cos\omega t$

3-4. $4.0\,\mathrm{s},\ 8.0\,\mathrm{m}$ *3-5.* (a) $6.0\,\mathrm{m/s^2}$ (b) $4.0\,\mathrm{m/s^2}$ (c) $2.0\,\mathrm{m/s^2}$

3-6. (a) $6.8\,\mathrm{m/s}$ (b) $2.0\,\mathrm{s}$ (c) $20\,\mathrm{m/s^2}$

B

3-7. (a) $v(t) = -x_0 e^{-\gamma t}\{\gamma\sin(\omega t + \delta) - \omega\cos(\omega t + \delta)\}$,

         $a(t) = x_0 e^{-\gamma t}\left\{\left(\gamma^2 - \omega^2\right)\sin(\omega t + \delta) - 2\gamma\omega\cos(\omega t + \delta)\right\}$

     (b) $v(t) = \dfrac{b}{t}$, $a(t) = -\dfrac{b}{t^2}$

     (c) $\boldsymbol{v}(t) = -b\omega\sin\omega t\,\boldsymbol{i} + c\omega\cos\omega t\,\boldsymbol{j}$, $\boldsymbol{a}(t) = -\omega^2(b\cos\omega t\,\boldsymbol{i} + c\sin\omega t\,\boldsymbol{j})$

3-8. $\boldsymbol{r} = \left(x_0 + \dfrac{a}{\omega^2}(1 - \cos\omega t)\right)\boldsymbol{i} + \left(v_0 t + \dfrac{b}{\omega^2}(\omega t - \sin\omega t)\right)\boldsymbol{j}$

3-9. (a) 6.0 m   (b) 1.5 m/s   (c) 3.0 s

3-10. (a) $-2.0\,\text{m/s}^2$ (b) 3.0 s, 9.0 m   (c) 5.0 m

3-11. (a) $-2.0\,\text{m/s}^2$ (b) 2.0 s, 4.0 m   (c) -5.0 m   (d) -5.0 m/s

3-12. (a) $1.5\,\text{m/s}^2$ (b) 192 m   (c) -12 m/s

3-13. ボールの進む方向を正の方向とする.

    (a) 投球時は $v_0 = 0$ m/s, $x = 1.5$ m, $v = 30$ m/s とみなせるので,
$a = 300\,\text{m/s}^2$, $t = 0.1$ s.

    (b) 捕球時は $v_0 = 30$ m/s, $x = 0.09$ m, $v = 0$ とみなせるので,
$a = -5000\,\text{m/s}^2$, $t = 0.006$ s.

3-14. $72\,\text{km/h} = 72 \times \dfrac{1000\,\text{m}}{3600\,\text{s}} = 20\,\text{m/s}$. 加速度の大きさ $0.50\,\text{m/s}^2$, 移動距離 $400\,\text{m}$

3-15. $v-t$ グラフの面積が移動距離を表す. 図より, $\alpha = \dfrac{v}{t_1}$, $\beta = \dfrac{v}{T-t_2}$ である. 所要時間は $\dfrac{L}{v} + \dfrac{\alpha+\beta}{2\alpha\beta}\,v$. 相加平均・相乗平均の関係から, $v = \sqrt{\dfrac{2\alpha\beta L}{\alpha+\beta}}$ のときに最小値 $\sqrt{\dfrac{2(\alpha+\beta)L}{\alpha\beta}}$ (所要時間を v で微分して求めることもできる.)

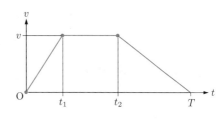

C

3-16. 最高速度に達する時刻を τ とする. 10 s までの面積 $4 + 10(\tau-1) + 12(10-\tau) = 100$ より $\tau = 7$ s. このときの地点は 64 m. また, $\beta = \dfrac{12-8}{7-1} \fallingdotseq 0.67\,\text{m/s}^2$.

3-17. (a) ロープの長さは $\ell - Vt$ であるから, $x = \sqrt{(\ell-Vt)^2 - h^2}$

    (b) $v = \dfrac{\mathrm{d}x}{\mathrm{d}t} = \dfrac{(\ell-Vt)(-V)}{\sqrt{(\ell-Vt)^2 - h^2}} = -V\dfrac{\sqrt{h^2+x^2}}{x} = -V\sqrt{1 + \left(\dfrac{h}{x}\right)^2}$

    (c) $\alpha = \dfrac{\mathrm{d}v}{\mathrm{d}t} = \dfrac{\mathrm{d}x}{\mathrm{d}t}\dfrac{\mathrm{d}v}{\mathrm{d}x} = v\dfrac{\mathrm{d}v}{\mathrm{d}x} = -\dfrac{V^2 h^2}{x^3}$

(b) $v-x$ のグラフ   (c) $a-x$ のグラフ

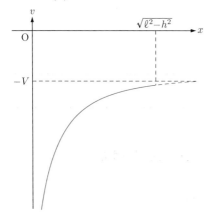
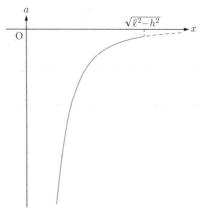

3-18. 定数 $\boldsymbol{a}$ を積分して，$\boldsymbol{r} = \dfrac{1}{2}\boldsymbol{a}t^2 + \boldsymbol{v}_0 t + \boldsymbol{r}_0$ と書けるので，ベクトルを変数とする次の 3 元連立方程式を解けばよい.

$$\boldsymbol{r}_1 = \frac{1}{2}\boldsymbol{a}t_1{}^2 + \boldsymbol{v}_0 t_1 + \boldsymbol{r}_0$$

$$\boldsymbol{r}_2 = \frac{1}{2}\boldsymbol{a}t_2{}^2 + \boldsymbol{v}_0 t_2 + \boldsymbol{r}_0$$

$$\boldsymbol{r}_3 = \frac{1}{2}\boldsymbol{a}t_3{}^2 + \boldsymbol{v}_0 t_3 + \boldsymbol{r}_0$$

このまま解くと煩雑だが，行列に直してクラメールの公式を使うと見通しよく計算できる.

$$\begin{pmatrix} \boldsymbol{r}_1 \\ \boldsymbol{r}_2 \\ \boldsymbol{r}_3 \end{pmatrix} = \begin{pmatrix} \dfrac{t_1{}^2}{2} & t_1 & 1 \\ \dfrac{t_2{}^2}{2} & t_2 & 1 \\ \dfrac{t_3{}^2}{2} & t_3 & 1 \end{pmatrix} \begin{pmatrix} \boldsymbol{a} \\ \boldsymbol{v}_0 \\ \boldsymbol{r}_0 \end{pmatrix}$$

右辺の 3 × 3 行列の行列式は $\Delta = -\dfrac{1}{2}(t_2 - t_3)(t_3 - t_1)(t_1 - t_2)$.

$$\boldsymbol{a} = \frac{1}{\Delta} \begin{vmatrix} \boldsymbol{r}_1 & t_1 & 1 \\ \boldsymbol{r}_2 & t_2 & 1 \\ \boldsymbol{r}_3 & t_3 & 1 \end{vmatrix} = \frac{1}{\Delta}\left\{ (t_2 - t_3)\boldsymbol{r}_1 + (t_3 - t_1)\boldsymbol{r}_2 + (t_1 - t_2)\boldsymbol{r}_3 \right\}$$

$$\boldsymbol{v}_0 = \frac{1}{\Delta} \begin{vmatrix} \dfrac{t_1{}^2}{2} & \boldsymbol{r}_1 & 1 \\ \dfrac{t_2{}^2}{2} & \boldsymbol{r}_2 & 1 \\ \dfrac{t_3{}^2}{2} & \boldsymbol{r}_3 & 1 \end{vmatrix} = -\frac{1}{2\Delta}\left\{ (t_2{}^2 - t_3{}^2)\boldsymbol{r}_1 + (t_3{}^2 - t_1{}^2)\boldsymbol{r}_2 + (t_1{}^2 - t_2{}^2)\boldsymbol{r}_3 \right\}$$

$$\boldsymbol{r}_0 = \frac{1}{\Delta} \begin{vmatrix} \dfrac{t_1{}^2}{2} & t_1 & \boldsymbol{r}_1 \\ \dfrac{t_2{}^2}{2} & t_2 & \boldsymbol{r}_2 \\ \dfrac{t_3{}^2}{2} & t_3 & \boldsymbol{r}_3 \end{vmatrix} = \frac{1}{2\Delta}\left\{ (t_2 - t_3)t_2 t_3 \boldsymbol{r}_1 + (t_3 - t_1)t_3 t_1 \boldsymbol{r}_2 + (t_1 - t_2)t_1 t_2 \boldsymbol{r}_3 \right\}$$

演習問題 4

A

4-1. (a) 24 N   (b) 20 m/s^2 (c) 12 N．まず，加速度を計算する.

4-2. 1 円玉 204 円（204 枚），500 円玉 14500 円（29 枚）

4-3. (a) 水平方向右向きに $\dfrac{F}{m}$ 〔m/s^2〕   (b) 3 倍   (c) 水平方向左向きに $\dfrac{F}{m}$ 〔m/s^2〕

4-4. (a) 0.80 m/s^2 (b) 2.4 m/s

B

4-5. (a) 7840 N．重力とつり合う力

(b) 8240 N．重力との差 400 N でエレベータが加速される．

(c) 7840 N．加速度ゼロならば，重力とつり合う力だけでよい．

(d) 1600 N．つり合っていない摩擦力がエレベータを止める．

4-6. (a) $m\dfrac{\mathrm{d}v}{\mathrm{d}t} = F,\ v = \dfrac{dx}{dt}$ （一部の文字にだけに数値を代入するのは良くない）

(b) 加速度が $12\,\mathrm{m/s^2}$（＝一定）になるから，速度はこれを積分して $v = \displaystyle\int 12\,\mathrm{d}t = 12\,t + c_1$ 〔m/s〕．$t = 0$ で $v = 0$ なので $c_1 = 0$．したがって，$v = 12\,t$〔m/s〕．

(c) 位置は速度を積分して $x = \displaystyle\int 12t\,\mathrm{d}t = 6t^2 + c_2$〔m〕．$t = 0$ で $x = 0$ なので $c_2 = 0$．したがって，$x = 6.0\,t^2$〔m〕．

4-7. (a) 学生からそりへ向かう向きを正の向きとする．学生の加速度を a，そりの加速度を A とすると，

$$60\,a = 15 \quad \Rightarrow \quad a = 0.25\,\mathrm{m/s^2}$$
$$7.5\,A = -15 \quad \Rightarrow \quad A = -2.0\,\mathrm{m/s^2}$$

(b) 学生の位置を x，そりの位置を X とする．始め，$x = 0\,\mathrm{m}$，$X = 18\,\mathrm{m}$ で両者が静止していたとして上記の運動方程式を解くと

$$x = \frac{1}{2}at^2, \quad X = 18 + \frac{1}{2}At^2$$

$x = X$ となるとき，$t = 4.0\,\mathrm{s}$ となり，$x = X = 2.0\,\mathrm{m}$

4-8. ニュートンの運動方程式は，時刻 t で 2 度微分しているので，t の符号を変えても変わらない．このことから，ある運動があったとき，時間を遡る逆向きの運動も存在すること，即ち，力学的には時間を遡ることができる．これは力学では時間の進む向き（未来の向き）を決められないことを表している．

4-9. 急発進するとき，頭は慣性によりその位置を保とうとするが，足がバスによって前方に引かれるため．急ブレーキの時は頭はその速度を保とうとするが，足がバスによって減速されるため．

4-10. $54\mathrm{km/h} = 54 \times \dfrac{1000\,\mathrm{m}}{3600\,\mathrm{s}} = 15\,\mathrm{m/s}$．加速度は $\dfrac{0 - 15}{10} = -1.5\,\mathrm{m/s^2}$．運動方程式から，ブレーキの力の大きさは $600 \times 1.5 = 900\,\mathrm{N}$ となる．v–t 図の面積を考えれば，この間の移動距離は，$\dfrac{1}{2} \times 10 \times 15 = 75\,\mathrm{m}$

C

4-11. 鉛直上向きを正として運動方程式を立てる．浮力を F として，
$$下降中：M(-\alpha) = F - Mg$$
$$上昇中：(M - m)\beta = F - (M - m)g$$
F を消去して，$m = \dfrac{\alpha + \beta}{g + \beta}M$

4-12. 慣性系 S の原点を O，慣性系 S′ の原点を O′ とすると，$\boldsymbol{r} = \overrightarrow{\mathrm{OO'}} + \boldsymbol{r}'$ となっている．慣性系 S′ が加速度 $\boldsymbol{a}$ で運動するので，$\dfrac{\mathrm{d}^2}{\mathrm{d}t^2}\overrightarrow{\mathrm{OO'}} = \boldsymbol{a}$．慣性系 S での運動方程式にこの座標の関係を代入して，

$$m\frac{\mathrm{d}^2\boldsymbol{r}}{\mathrm{d}t^2} = m\boldsymbol{a} + m\frac{\mathrm{d}^2\boldsymbol{r}'}{\mathrm{d}t^2} = F \quad \Rightarrow \quad m\frac{\mathrm{d}^2\boldsymbol{r}'}{\mathrm{d}t^2} = F - m\boldsymbol{a}$$

4-13. (a) 三角形 ABE は ∠A が直角．三平方の定理により，

$$R^2 + (v\,\Delta t)^2 = \left(R + \overline{\mathrm{BS}}\right)^2 = R^2 + 2R \cdot \overline{\mathrm{BS}} + \left(\overline{\mathrm{BS}}\right)^2$$

R^2 に対して $\left(\overline{\mathrm{BS}}\right)^2$ を無視する近似をする．

(b) $\overline{\mathrm{BS}} = \dfrac{(v\,\Delta t)^2}{2R} = \dfrac{1}{2}g_{\mathrm{E}}(\Delta t)^2$ より，$g_{\mathrm{E}} = \dfrac{v^2}{R} = \dfrac{1}{R}\left(\dfrac{2\pi R}{T}\right)^2$

(c) 数値を代入して，$g_{\mathrm{E}} \fallingdotseq 2.72 \times 10^{-3}\,\mathrm{m/s^2}$

(d) $\dfrac{g}{g_{\mathrm{E}}} \fallingdotseq 3.60 \times 10^3$ は $\left(\dfrac{R}{R_{\mathrm{E}}}\right)^2$ と一致している．これは，重力加速度を生じさせる力が距離の 2 乗に反比例して減少することを示しており，万有引力の法則と合致している．従って，月は地球の万有引力に引かれて落下し続けていると考えてよい．

演習問題 5

A

5-1. 省略．力の合成と分解をできるようにしておこう．

5-2. (a)，(b) A 君からの力と B 君からの力の合力が重力とつり合うように描く．

(c) A：49 N，B：85 N．3 本のベクトルの始点を一点に集めて考えよう．

5-3. (a) 0.082 m (b) 9.8 N (c) 0.102 kg (d) 6400 km (e) 約 200 kg

5-4. (a) 16 N (b) 4.0 N/m

B

5-5. (a) 9.8 N (b) 9.8 N (c) 11.3 N (d) 8.3 N (e) 8.3 N (f) 0 N

5-6. (a) 質量 60 kg とすれば 588 N (b) 97 N．月面での $g_月$ を計算しておくとよい．

(c) 地球から約 34 万 km．月の引力と地球の引力がつり合う位置を求める．

5-7. 9.1×10^5 ton．約 100 万トン．重力に比べて電磁気力は非常に強いことがわかる．

5-8. 炎が球状に広がり，すぐに消える．

5-9. ラケットで打ち返されたとき，瞬間的に大きな加速度が生じ，ボールの速度が反転する．コートで弾むとき，瞬間的に大きな上向きの加速度が生じ，ボールが弾む．重力は常に働くので，常に下向きの一定の加速度を持っている．この他，ボールの回転を考えると，地面に当たったときに摩擦力が発生し，その向きにも加速度が発生する．

C

5-10. (a)　z 軸を中心軸とし，底面の半径が r の円柱に巻き付くような螺旋．z 軸の向きの間隔（ピッチは）$2\pi k$.

(b)　$v^2 = \left(\dfrac{\mathrm{d}x}{\mathrm{d}t}\right)^2 + \left(\dfrac{\mathrm{d}y}{\mathrm{d}t}\right)^2 + \left(\dfrac{\mathrm{d}z}{\mathrm{d}t}\right)^2 = \left(-r\sin\theta\dfrac{\mathrm{d}\theta}{\mathrm{d}t}\right)^2 + \left(r\cos\theta\dfrac{\mathrm{d}\theta}{\mathrm{d}t}\right)^2 + \left(k\dfrac{\mathrm{d}\theta}{\mathrm{d}t}\right)^2 = $
$\left(r^2 + k^2\right)\left(\dfrac{\mathrm{d}\theta}{\mathrm{d}t}\right)^2$ が一定となることから．$v = \sqrt{r^2 + k^2}\,|\omega|$

(c)　$\left(m\dfrac{\mathrm{d}^2 x}{\mathrm{d}t^2},\, m\dfrac{\mathrm{d}^2 y}{\mathrm{d}t^2},\, m\dfrac{\mathrm{d}^2 z}{\mathrm{d}t^2}\right) = (-m\omega^2 x,\, -m\omega^2 y,\, 0)$

5-11. (a)　$v = \alpha t + v_0$,　$x = \dfrac{1}{2}\alpha t^2 + v_0 t + x_0$

(b)　$t = \dfrac{v - v_0}{\alpha}$ として x の式に代入．$x = \dfrac{1}{2\alpha}\left(v^2 - v_0{}^2\right) + x_0$

(c)　$v^2 = 2\alpha(x - x_0) + v_0{}^2$ となるので $K = \dfrac{1}{2}mv^2 = m\alpha(x - x_0) + \dfrac{1}{2}mv_0{}^2$. このグラフは直線で，傾き $m\alpha$ は，運動方程式から力となる．

(d)　$\dfrac{\mathrm{d}K}{\mathrm{d}x} = \dfrac{\mathrm{d}K}{\mathrm{d}v}\dfrac{\mathrm{d}v}{\mathrm{d}x} = mv\dfrac{\mathrm{d}v}{\mathrm{d}x}$. ここで，$v\dfrac{\mathrm{d}v}{\mathrm{d}x} = \dfrac{\mathrm{d}x}{\mathrm{d}t}\dfrac{\mathrm{d}v}{\mathrm{d}x} = \dfrac{\mathrm{d}v}{\mathrm{d}t}$ は加速度を表すので，
$\dfrac{\mathrm{d}K}{\mathrm{d}x} = m\dfrac{\mathrm{d}v}{\mathrm{d}t} = F$ となる．

5-12.　上昇中は，抵抗力と重力がともに下向きで，下降中は逆向きになるので，同じ高さの点では，加速度の大きさは，上昇中の方が大きい．そのため，上昇中の方が速さの変化が大きくなる．最高点で速さがゼロであることから，同じ高さの点では，上昇中のほうが下降中よりも速い．従って，投げ上げた物体が最高点に達するまでの時間よりも，そこから手もとに落下するまでの時間の方が長い．

5-13. (a)　$m\dfrac{\mathrm{d}v}{\mathrm{d}t} = mg - 6\pi a\eta v$

(b)　加速していくが，速くなるほど抵抗力が大きくなって加速の割合が減少し，重力と抵抗力が釣り合う速さ $v = \dfrac{mg}{6\pi a\eta}$ に近づいていく．

(c)　最終の速さが 4 倍になる（半径 a が 2 倍になり，質量 m が $2^3 = 8$ 倍となる.）

5-14.　$0.25 \times (1.7 \times 0.5) \times 50^2 \fallingdotseq 5.3 \times 10^2$ N. これが mg に等しいと置くと，$m \fallingdotseq 54\,\mathrm{kg}$

5-15.　図のように，斜面を含む鉛直平面内に，水平方向に x 軸，鉛直上向きに y 軸をとる．斜面の傾きを θ とし，滑り始めてから時間 T が経過したときの質点の位置を P とする．$\overline{\mathrm{OP}} = \ell = \dfrac{1}{2}g\sin\theta\,T^2$ となるので，P 点の座標は，

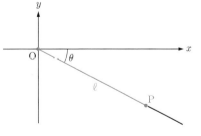

$x = \dfrac{gT^2}{2}\sin\theta\cos\theta,\quad y = -\dfrac{gT^2}{2}\sin^2\theta$

である．このことから，

$$x^2 + y^2 = \left(\dfrac{gT^2}{2}\right)^2 (\sin^2\theta\cos^2\theta + \sin^4\theta) = \left(\dfrac{gT^2}{2}\right)^2 \sin^2\theta\,(\cos^2\theta + \sin^2\theta) = -\dfrac{gT^2}{2}y$$

$$\Rightarrow\quad x^2 + \left(y + \dfrac{gT^2}{4}\right)^2 = \left(\dfrac{gT^2}{4}\right)^2 \quad \therefore\quad 中心：\left(0,\, -\dfrac{gT^2}{4}\right),\quad 半径：\dfrac{gT^2}{4}$$

5-16. (a) $\quad m\dfrac{\mathrm{d}v_x}{\mathrm{d}t} = -N\sin\theta \quad m\dfrac{\mathrm{d}v_y}{\mathrm{d}t} = N\cos\theta - mg$

(b)
$$\frac{\mathrm{d}E}{\mathrm{d}t} = m\left(v_x\frac{\mathrm{d}v_x}{\mathrm{d}t} + v_y\frac{\mathrm{d}v_y}{\mathrm{d}t}\right) + mgv_y$$
$$= v_x(-N\sin\theta) + v_y(N\cos\theta - mg) + mgv_y$$
$$= v_x N\cos\theta\left(-\tan\theta + \frac{v_y}{v_x}\right) = 0$$

(c) $\quad E = \dfrac{1}{2}m\big\{v_x{}^2 + (v_x\tan\theta)^2\big\} + mg\alpha x^2 = mg\alpha x_0{}^2,\ \tan\theta = 2\alpha x$ より,
$$v_x{}^2 = \frac{2g\alpha\left(x_0{}^2 - x^2\right)}{1 + 4\alpha^2 x^2} \quad\Rightarrow\quad v_x = -\sqrt{\frac{2g\alpha\left(x_0{}^2 - x^2\right)}{1 + 4\alpha^2 x^2}}$$

(d) $\quad y = \alpha x^2$ を微分する. $\dfrac{\mathrm{d}y}{\mathrm{d}t} = 2\alpha x\dfrac{\mathrm{d}x}{\mathrm{d}t} \Rightarrow v_y = 2\alpha x v_x.$ この式をもう一度微分して
$$\frac{\mathrm{d}v_y}{\mathrm{d}t} = 2\alpha\frac{\mathrm{d}x}{\mathrm{d}t}v_x + 2\alpha x\frac{\mathrm{d}v_x}{\mathrm{d}t} \Rightarrow \frac{\mathrm{d}v_y}{\mathrm{d}t} = 2\alpha v_x{}^2 + 2\alpha x\frac{\mathrm{d}v_x}{\mathrm{d}t}$$

(e) $\quad$運動方程式から $\dfrac{\mathrm{d}v_x}{\mathrm{d}t}$, $\dfrac{\mathrm{d}v_y}{\mathrm{d}t}$ を求めて前問の式に代入すると,
$$\frac{1}{m}(N\cos\theta - mg) = 2\alpha v_x{}^2 + 2\alpha x\frac{1}{m}(-N\sin\theta) \quad\Rightarrow\quad N = \frac{m(2\alpha v_x{}^2 + g)}{\cos\theta + 2\alpha x\sin\theta}$$
$\cos\theta,\ \sin\theta$ を $\tan\theta$ で表した式から x で書き, (c) で求めた v_x を代入・整理して,
$$N = \frac{1 + 4\alpha^2 x_0{}^2}{(1 + 4\alpha^2 x^2)^{\frac{3}{2}}}\, mg$$

(f) $\quad N = mg$ であるとすると, y 方向の力がつり合い, 小物体は原点通過後, x 軸の負の向きに直進してしまう. 軌道を y 軸の正の向きに曲げるためには, 上向きの加速度が必要で, これを生じさせるためには上向きの力が必要となる.

演習問題 6

A

6-1. (a) $\quad \dfrac{6.0 \times 10^{24}}{\frac{4\pi}{3}(0.65 \times 10^7)^3} \fallingdotseq 5.2 \times 10^3\,\mathrm{kg/m^3}$ 　(b) 中心に重たい核があると考えられる.

6-2. (a) $\quad \dfrac{2\pi(6.5 \times 10^6\frac{\sqrt{3}}{2})}{24 \times 60 \times 60} \fallingdotseq 4.1 \times 10^2\,\mathrm{m/s}$ 　(b) $\dfrac{2\pi(1.5 \times 10^{11})}{365 \times 24 \times 60 \times 60} \fallingdotseq 3.0 \times 10^4\,\mathrm{m/s}$

6-3. $\quad m\dfrac{v^2}{r} = G\dfrac{mM}{r^2}$ より $M = \dfrac{rv^2}{G} \fallingdotseq \dfrac{1.5 \times 10^{11}(3.0 \times 10^4)^2}{6.7 \times 10^{-11}} \fallingdotseq 2.0 \times 10^{30}\,\mathrm{kg}$

6-4. $\quad \dfrac{2.0 \times 10^{30}}{\frac{4\pi}{3}(3.0 \times 10^3)^3} \fallingdotseq 1.8 \times 10^{19}\,\mathrm{kg/m^3}$

B

6-5. (a) $\quad \dfrac{4 \times 10^{16}}{1.4 \times 10^9} \fallingdotseq 2.9 \times 10^7$ 　(b) $\dfrac{2 \times 10^{22}}{1.2 \times 10^{20}} \fallingdotseq 1.7 \times 10^2$

6-6. 　意味のあるものは, 1), 4), 6), 8), 9) 　　　**6-7.** $\dfrac{1000}{28.09} \times 6.022 \times 10^{23} \fallingdotseq 2.144 \times 10^{25}$個

6-8. $\quad v \propto \sqrt{hg}$ 　　　**6-9.** 大きさは $\sqrt{\dfrac{G\hbar}{c^3}} \fallingdotseq 1.7 \times 10^{-35}\,\mathrm{m}$, 質量は $\sqrt{\dfrac{c\hbar}{G}} \fallingdotseq 2.2 \times 10^{-8}\,\mathrm{kg}$

演習問題 7

A

7-1. (a) $m\dfrac{\mathrm{d}v}{\mathrm{d}t} = -mg$　(b) $v(t) = -gt + C_0$, $(C_0$ は積分定数$)$　(c) $v(t) = -gt$

(d) $y(t) = -\dfrac{1}{2}gt^2 + C_1$, $(C_1$ は積分定数$)$　(e) $y(t) = -\dfrac{1}{2}gt^2 + h$

(f) $t_1 = \sqrt{\dfrac{2h}{g}}$　（従って，上の式の適応範囲は $0 \leqq t \leqq t_1$ である）

(g) $v_1 = -\sqrt{2gh}$　(h) $3.4\,\mathrm{s}$,　$33\,\mathrm{m/s}$

7-2. (a) $m\dfrac{\mathrm{d}v}{\mathrm{d}t} = -mg$　(b) $v(t) = -gt + C_0$, $(C_0$ は積分定数$)$　(c) $v(t) = -gt + v_0$

(d) $y(t) = -\dfrac{1}{2}gt^2 + v_0 t + C_1$, $(C_1$ は積分定数$)$　(e) $y(t) = -\dfrac{1}{2}gt^2 + v_0 t + h$

(f) $t = \dfrac{2v_0}{g}$　(g) $v = -v_0$

7-3. (a) $20\,\mathrm{m}$,　$-20\,\mathrm{m/s}$　(b) $-39\,\mathrm{m/s}$,　$26\,\mathrm{m}$

(c) $34.3\,\mathrm{m/s}$．最高点では速度はゼロになることを用いる．

7-4. (a) $v_1 = 1.18 \times 10^3\,\mathrm{m/s}$, $h = 3.52 \times 10^4\,\mathrm{m}$　(b) $H = 1.06 \times 10^5\,\mathrm{m}$, $t_2 = 180\,\mathrm{s}$

(c) $v_3 = -1.44 \times 10^3\,\mathrm{m/s}$, $T = 327\,\mathrm{s}$

7-5. (a) $10\,\mathrm{m}$, $20\,\mathrm{m}$　(b) $2.0\,\mathrm{s}$, $20\,\mathrm{m}$　(c) $17\,\mathrm{m/s}$, $10\,\mathrm{m/s}$　(d) $3.0\,\mathrm{s}$, $76\,\mathrm{m}$

7-6. (a) $m\dfrac{\mathrm{d}v_y}{\mathrm{d}t} = -mg$, $m\dfrac{\mathrm{d}v_x}{\mathrm{d}t} = 0$．$\left(\dfrac{\mathrm{d}y}{\mathrm{d}t} = v_y,\ \dfrac{\mathrm{d}x}{\mathrm{d}t} = v_x\right)$

(b) $v_x = C_1$．$v_y = -gt + C_2$．初期条件から $C_1 = 10$, $C_2 = 0$ となるので，$v = 10\,i - gt\,j$．

(c) $x = \displaystyle\int 10\,\mathrm{d}t = 10\,t + D_1$, $y = \displaystyle\int (-gt)\,\mathrm{d}t = -\dfrac{1}{2}gt^2 + D_2$ となる．初期条件から $D_1 = 0$, $D_2 = 19.6$．以上より，$r = 10\,t\,i + \left(-\dfrac{1}{2}gt^2 + 19.6\right)j$．

(d) $t = 2.0\,\mathrm{s}$，$x = 20\,\mathrm{m}$，$v = 10\,i - 19.6\,j\,\mathrm{m/s}$：速さ $22\,\mathrm{m/s}$，海面に対して $63°$．

B

7-7. (a) $x = v_0 t$, $y = -\dfrac{1}{2}gt^2 + H$ より軌道の方程式は $y = -\dfrac{gx^2}{2{v_0}^2} + H$．$x = 12\,\mathrm{m} \Rightarrow$ $y \fallingdotseq 1.7\,\mathrm{m} > 0.90\,\mathrm{m}$．よって，ネットを越える

(b) $y = 0\,\mathrm{m} \Rightarrow x = v_0\sqrt{\dfrac{2H}{g}} \fallingdotseq 21\,\mathrm{m}$

7-8. $x = v_0\cos\theta\,t$, $y = -\dfrac{1}{2}gt^2 + v_0\sin\theta\,t$．$t = 5\,\mathrm{s}$ のとき $x = 40\,\mathrm{m}$, $y = 0\,\mathrm{m}$ だったので，$v_0\cos\theta = 8\,\mathrm{m/s}$, $v_0\sin\theta = 24.5\,\mathrm{m/s}$．よって，$v_0 = \sqrt{(v_0\cos\theta)^2 + (v_0\sin\theta)^2} \fallingdotseq 26\,\mathrm{m/s}$．$\tan\theta = \dfrac{v_0\sin\theta}{v_0\cos\theta} \fallingdotseq 3.06$．およそ 72 度．最高点に達するのは，

$v_y = -gt + v_0\sin\theta = 0$ より $t = \dfrac{v_0\sin\theta}{g} = 2.5\,\mathrm{s}$，このとき $y \fallingdotseq 31\,\mathrm{m}$

7-9. (a) 投げ上げる点を原点とし，水平右向きに x 軸，鉛直上向きに y 軸をとる．運動方程式を解き，初期条件から定数を決定すると，$x = v_0\cos(\alpha+\theta)\,t$, $y = -\dfrac{1}{2}gt^2 + v_0\sin(\alpha+\theta)\,t$．

これを斜面を表す方程式 $y = \tan\theta\, x$ に代入して τ, ℓ を求めると,

$$\tau = \frac{2v_0}{g}\{\sin(\alpha+\theta) - \tan\theta\cos(\alpha+\theta)\} = \frac{2v_0}{g}\cdot\frac{\sin\alpha}{\cos\theta}$$

$$\ell = \frac{x}{\cos\theta} = \frac{v_0\cos(\alpha+\theta)\tau}{\cos\theta} = \frac{2v_0{}^2}{g}\cdot\frac{\cos(\alpha+\theta)\sin\alpha}{\cos^2\theta}$$

(b) 積を和・差に直す公式により $\ell = \dfrac{v_0{}^2}{g}\cdot\dfrac{\sin(2\alpha+\theta) - \sin\theta}{\cos^2\theta}$. これが最大になるのは, $\sin(2\alpha+\theta) = 1$ のとき, 最大値は $\dfrac{v_0{}^2}{g(1+\sin\theta)}$. このとき, $2\alpha+\theta = \dfrac{\pi}{2} \Rightarrow \alpha = \dfrac{1}{2}\left(\dfrac{\pi}{2} - \theta\right)$. これは, 投げ出す点からみて, 斜面の向きと鉛直上向きを 2 等分する向きである. これは, 水平面 ($\theta = 0$) で $\alpha = \dfrac{\pi}{4}$ ($45°$) のとき最も遠くまで飛ぶことの一般化である.

(c) $\theta \to -\theta$ と置き換えればよい. $\tau = \dfrac{2v_0}{g}\cdot\dfrac{\sin\alpha}{\cos\theta}$ のときに斜面上に落下. ℓ は $\alpha = \dfrac{1}{2}\left(\dfrac{\pi}{2} + \theta\right)$ のときに最大値 $\dfrac{v_0{}^2}{g(1-\sin\theta)}$ をとる. 幾何学的意味は同じ.

C

7-10. 先ず, 天井を無視して考える. 投げ出す角が水平から上向きに θ であるとする. $x = v\cos\theta\, t$, $y = -\dfrac{1}{2}gt^2 + v\sin\theta\, t + h$. $y = h$ となる時刻の x が R となるので, $R = v\cos\theta \times \dfrac{2v\sin\theta}{g} = \dfrac{v^2\sin 2\theta}{g}$. これは, $\theta = \dfrac{\pi}{4}$ のときに最大値 $\dfrac{v^2}{g}$ をとる. この軌道の最高点の高さは, $\dfrac{v^2\sin^2\theta}{2g} + h = \dfrac{v^2}{4g} + h$. もし天井がこれより低いときは, 天井すれすれになるように投げ出す角を調整する. $\dfrac{v^2\sin^2\theta}{2g} + h = H$ より, $\sin\theta = \dfrac{\sqrt{2g(H-h)}}{v}$. このとき, $R = \dfrac{2v^2}{g}\cos\theta\sin\theta = \dfrac{2v^2}{g}\sqrt{1 - \sin^2\theta}\cdot\sin\theta$ となるので,

$$R = \frac{2v^2}{g}\sqrt{1 - \frac{2g(H-h)}{v^2}}\cdot\frac{\sqrt{2g(H-h)}}{v} = 4\sqrt{\left\{\frac{v^2}{2g} - (H-h)\right\}(H-h)}$$

7-11. 砲弾の初速度の大きさを v とし, 打ち出す角度を地面に対して θ とすると, 着弾点までの距離は, $\dfrac{v^2\sin 2\theta}{g}$ である (7-10. 参照). 目的地までの距離を X とすると, 題意により,

$$\frac{v^2\sin 2\alpha}{g} = X + a, \quad \frac{v^2\sin 2\beta}{g} = X - b$$

これを $\dfrac{v^2}{g}$ と X に関する連立方程式として解くと,

$$\frac{v^2}{g} = \frac{a+b}{\sin 2\alpha - \sin 2\beta}, \quad X = \frac{a\sin 2\beta + b\sin 2\alpha}{\sin 2\alpha - \sin 2\beta}$$

$\dfrac{v^2\sin 2\gamma}{g} = X$ より $\sin 2\gamma = \dfrac{a\sin 2\beta + b\sin 2\alpha}{a+b}$. これを満たす γ は 2 個ある.

7-12. (a) 軌道の方程式で $x = X, y = h$ とする. $h = -\dfrac{gX^2}{2(v_0\cos\theta)^2} + \tan\theta\, X$

(b) $\dfrac{1}{\cos^2\theta} = 1 + \tan^2\theta$ とし, 軌道の方程式を $\tan\theta$ について平方完成する.

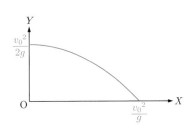

$$y = -\frac{gX^2}{2{v_0}^2}\left(\tan\theta - \frac{{v_0}^2}{gX}\right)^2 + \frac{{v_0}^2}{2g} - \frac{gX^2}{2{v_0}^2}$$

この式から, $\tan\theta = \dfrac{{v_0}^2}{gX}$ のとき,

$$Y = \frac{{v_0}^2}{2g} - \frac{gX^2}{2{v_0}^2}$$

(c) 前問の放物線より下にあればよい. $0 < x < \dfrac{{v_0}^2}{g}$ かつ $0 < y < \dfrac{{v_0}^2}{2g} - \dfrac{gx^2}{2{v_0}^2}$

(d) $y = -\dfrac{gx^2}{2(v_0\cos\phi)^2} + \tan\phi\, x = -\dfrac{gx^2}{2{v_0}^2}\left(\tan\phi - \dfrac{{v_0}^2}{gx}\right)^2 + \dfrac{{v_0}^2}{2g} - \dfrac{gx^2}{2{v_0}^2}$ から $\tan\phi$
を求める.
$$\tan\phi = \frac{{v_0}^2}{gx} \pm \sqrt{\frac{2{v_0}^2}{gx^2}\left(\frac{{v_0}^2}{2g} - \frac{gx^2}{2{v_0}^2} - y\right)} = \frac{{v_0}^2}{gx}\left\{1 \pm \sqrt{1 - \frac{g^2x^2}{{v_0}^4} - \frac{2gy}{{v_0}^2}}\right\}$$

2つの解はともに正で, 当てるために投げ出す向きが二つあることが分かる.

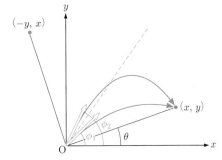

参考 二つの角を ϕ_1, ϕ_2 とすると,
$\tan(\phi_1 + \phi_2) = \dfrac{\tan\phi_1 + \tan\phi_2}{1 - \tan\phi_1\tan\phi_2} = -\dfrac{x}{y}$ となる. これは, $\phi_1 + \phi_2 = \theta + \dfrac{\pi}{2}$
であることを示している. 図の破線は ϕ_1 と ϕ_2 の平均を示す. これは, 点 O からみて, 標的の向きと鉛直真上の向きを二等分する向きである.

7-13. 軌道の方程式で, $x = \ell$ のときに $y \geqq h$ となればよい.

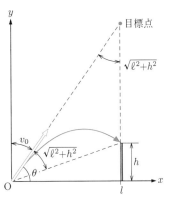

$$-\frac{g\ell^2}{2{v_0}^2}(1 + \tan^2\theta) + \tan\theta\,\ell \geqq h$$

この式から

$${v_0}^2 \geqq \frac{g\ell^2}{2} \cdot \frac{1 + \tan^2\theta}{\ell\tan\theta - h}$$

($\ell\tan\theta - h > 0$ である. 何故か?) 投げ出す角 θ を決めたときの ${v_0}^2$ の最小値がこの右辺である. これを θ の関数とみて最小を求めればよい. 割り算を実行して整理し, 相加平均・相乗平均の関係を使うと,

$${v_0}^2 \geqq \frac{g\ell}{2}\cdot\left\{\frac{2h}{\ell} + \left(\tan\theta - \frac{h}{\ell}\right) + \frac{1 + \frac{h^2}{\ell^2}}{\tan\theta - \frac{h}{\ell}}\right\} \geqq \frac{g\ell}{2}\cdot\left(\frac{2h}{\ell} + 2\sqrt{1 + \frac{h^2}{\ell^2}}\right)$$

$$= g\left(h + \sqrt{\ell^2 + h^2}\right) \quad \Rightarrow \quad v_0 \text{ の最小値は } \sqrt{g\left(h + \sqrt{\ell^2 + h^2}\right)}$$

これを与える $\tan\theta$ は,

$$\tan\theta - \frac{h}{\ell} = \frac{1+\frac{h^2}{\ell^2}}{\tan\theta - \frac{h}{\ell}} \quad \Rightarrow \quad \tan\theta = \frac{h+\sqrt{\ell^2+h^2}}{\ell} \quad (\text{正の解をとる})$$

投げ出す向きは，壁の上端の向きと，鉛直上向きを 2 等分する向きである．

別解 7-12. の結果を利用する．壁を越える最小の v_0 のとき，(b) で求めた X, Y のグラフ上に壁の上端がある．即ち，$h = \frac{v_0{}^2}{2g} - \frac{g\ell^2}{2v_0{}^2}$. この式を整理して，

$$\left(v_0{}^2\right)^2 - 2gh\,v_0{}^2 - (g\ell)^2 = 0 \quad \Rightarrow \quad v_0{}^2 = g\left(h+\sqrt{\ell^2+h^2}\right) \quad (\text{正の解をとる})$$

投げ出す向きは，$\tan\theta = \frac{v_0{}^2}{g\ell} = \frac{h+\sqrt{\ell^2+h^2}}{\ell}$. 尚，7-12. (d) の二つの角 ϕ_1, ϕ_2 が一致する場合に対応している．

7-14. (a) 運動方程式を積分して，$x = v_0\cos\alpha\,t, \ y = -\frac{1}{2}gt^2 + v_0\sin\alpha\,t + h$. $y=0$ となる正の時刻の x が L となる．$L = v_0\cos\alpha \cdot \dfrac{v_0\sin\alpha + \sqrt{(v_0\sin\alpha)^2 + 2gh}}{g}$

(b) L を微分して最大値を求めることができるが，計算が煩雑．軌道の方程式を $\tan\alpha$ に関して平方完成する．

$$y = -\frac{gx^2}{2v_0{}^2}\left(\tan\alpha - \frac{v_0{}^2}{gx}\right)^2 + \frac{v_0{}^2}{2g} - \frac{gx^2}{2v_0{}^2} + h$$

y の最大値がゼロとなるところが x の最大値 L となる．

$$\frac{v_0{}^2}{2g} - \frac{gL^2}{2v_0{}^2} + h = 0 \quad \Rightarrow \quad L = \frac{v_0{}^2}{g}\sqrt{1 + \frac{2gh}{v_0{}^2}}.$$

このとき，$\tan\alpha = \dfrac{v_0{}^2}{gL} = \dfrac{1}{\sqrt{1+\frac{2gh}{v_0{}^2}}}$.

演習問題 8

A

8-1. (a) 省略． (b) $m\dfrac{\mathrm{d}v}{\mathrm{d}t} = -mg - bv$ (c) $v = C_1 e^{-\beta t} - \dfrac{g}{\beta}$，ここで $\beta = \dfrac{b}{m}$

(d) $v = \left(v_0 + \dfrac{g}{\beta}\right)e^{-\beta t} - \dfrac{g}{\beta}$ (e) $v_t = -\dfrac{g}{\beta} = -\dfrac{mg}{b}$ (f) 同じになる

(g) $y = -\dfrac{1}{\beta}\left(v_0 + \dfrac{g}{\beta}\right)e^{-\beta t} - \dfrac{g}{\beta}t + C_2$ (h) $y = \dfrac{1}{\beta}\left(v_0 + \dfrac{g}{\beta}\right)(1 - e^{-\beta t}) - \dfrac{g}{\beta}t + h$

(i) 低くなる (j) 遅くなる

8-2. (a) $|v_t| = 1.3\times10^{-2}\,\mathrm{m/s}$, $\tau = \dfrac{|v_t|}{g} = 1.3\times10^{-3}\,\mathrm{s}$ (b) $|v_t| = 37\,\mathrm{m/s}$

B

8-3. (a) $m\dfrac{\mathrm{d}v}{\mathrm{d}t} = -mg + k_2 v^2$ (b) $v(t) = -\sqrt{\dfrac{mg}{k_2}}\,\dfrac{1-e^{-2\alpha t}}{1+e^{-2\alpha t}}, \quad \left(\alpha = \sqrt{\dfrac{k_2 g}{m}}\right)$

(c) $v_t = -\sqrt{\dfrac{mg}{k_2}}$

C

8-4. $v_y(\tau) = 0$ より,
$$e^{-\beta\tau} = \frac{\frac{g}{\beta}}{v_0 \sin\alpha + \frac{g}{\beta}} \Rightarrow \tau = -\frac{1}{\beta} \ln\left(\frac{\frac{g}{\beta}}{v_0 \sin\alpha + \frac{g}{\beta}}\right) = \frac{1}{\beta} \ln\left(\frac{\beta v_0 \sin\alpha}{g} + 1\right)$$

従って, $H = y(\tau) = \dfrac{v_0 \sin\alpha}{\beta} - \dfrac{g}{\beta^2} \ln\left(\dfrac{\beta v_0 \sin\alpha}{g} + 1\right) + h$. 軌道の方程式は,

$$y = \left(\tan\alpha + \frac{g}{\beta v_0 \cos\alpha}\right)x + \frac{g}{\beta^2} \ln\left(1 - \frac{\beta x}{v_0 \cos\alpha}\right) + h$$

マクローリン展開により, ε が微小量のとき, $\ln(1+\varepsilon) \fallingdotseq \varepsilon - \dfrac{\varepsilon^2}{2}$ と近似できることから,

$$\tau \to \frac{1}{\beta} \cdot \frac{\beta v_0 \sin\alpha}{g} = \frac{v_0 \sin\alpha}{g}$$

$$H \to \frac{v_0 \sin\alpha}{\beta} - \frac{g}{\beta^2} \cdot \left\{\frac{\beta v_0 \sin\alpha}{g} - \frac{1}{2}\left(\frac{\beta v_0 \sin\alpha}{g}\right)^2\right\} + h = \frac{(v_0 \sin\alpha)^2}{2g} + h$$

また, 軌道の方程式は以下のようになる.

$$y = \left(\tan\alpha + \frac{g}{\beta v_0 \cos\alpha}\right)x - \frac{g}{\beta^2}\left\{\frac{\beta x}{v_0 \cos\alpha} + \frac{1}{2}\left(\frac{\beta x}{v_0 \cos\alpha}\right)^2\right\} + h$$

$$= \tan\alpha\, x - \frac{gx^2}{2(v_0 \cos\alpha)^2} + h$$

8-5. (a) $m\dfrac{\mathrm{d}v}{\mathrm{d}t} = -mkv^2 - mg$　　(b) $\dfrac{\mathrm{d}v}{\mathrm{d}t} = \dfrac{\mathrm{d}x}{\mathrm{d}t}\dfrac{\mathrm{d}v}{\mathrm{d}x} = v\dfrac{\mathrm{d}v}{\mathrm{d}x}$.

(c)
$$v\frac{\mathrm{d}v}{\mathrm{d}x} = -kv^2 - g = -k\left(v^2 + \frac{g}{k}\right) \quad\Rightarrow\quad \frac{v\mathrm{d}v}{v^2 + \frac{g}{k}} = -k\,\mathrm{d}x$$

これは, 変数分離形である. 両辺を積分して,
$$\frac{1}{2} \ln\left|v^2 + \frac{g}{k}\right| = -kx + C = \ln\left(e^C e^{-kx}\right) \quad\Rightarrow\quad v^2 + \frac{g}{k} = \pm e^{2C} e^{-2kx}$$

$t = 0$ のとき $x = 0$, $v = v_0$ より $\pm e^{2C} = v_0{}^2 + \dfrac{g}{k}$　　$\Rightarrow$　　$v^2 + \dfrac{g}{k} = \left(v_0{}^2 + \dfrac{g}{k}\right)e^{-2kx}$

(d) $v = 0$ を代入して,

$$\frac{g}{k} = \left(v_0{}^2 + \frac{g}{k}\right)e^{-2kx} \quad\Rightarrow\quad e^{2kx} = \frac{kv_0{}^2}{g} + 1 \quad\Rightarrow\quad x = \frac{1}{2k} \ln\left(\frac{kv_0{}^2}{g} + 1\right)$$

8-6. (a) 運動方程式より　$\dfrac{\mathrm{d}v}{\mathrm{d}t} = -k\left(v^2 + \dfrac{g}{k}\right)$　$\Rightarrow$　$\dfrac{\mathrm{d}v}{v^2 + \frac{g}{k}} = -k\,\mathrm{d}t$. 両辺を積分

して, $\sqrt{\dfrac{k}{g}} \tan^{-1}\left(\sqrt{\dfrac{k}{g}}\,v\right) = -kt + C$. $t = 0$ のときに $v = v_0$ であるから,

$\sqrt{\dfrac{k}{g}} \tan^{-1}\left(\sqrt{\dfrac{k}{g}}\,v_0\right) = C$. ここで, $\tan^{-1}\left(\sqrt{\dfrac{k}{g}}\,v_0\right) = \theta_0$ と置くと,

$\sqrt{\dfrac{k}{g}}\,\theta_0 = C$　$\Rightarrow$　$\sqrt{\dfrac{k}{g}} \tan^{-1}\left(\sqrt{\dfrac{k}{g}}\,v\right) = -kt + \sqrt{\dfrac{k}{g}}\,\theta_0 = \sqrt{\dfrac{k}{g}}\left(\theta_0 - \sqrt{kg}\,t\right)$

$$\Rightarrow \quad v = \sqrt{\frac{g}{k}}\,\tan\left(\theta_0 - \sqrt{kg}\,t\right). \quad v=0 \text{ となる時刻は,}$$

$$\tau = \frac{\theta_0}{\sqrt{kg}} = \frac{1}{\sqrt{kg}}\tan^{-1}\left(\sqrt{\frac{k}{g}}\,v_0\right)$$

(b) v_0 が 0 から ∞ まで増加するとき, $\tan^{-1}\left(\sqrt{\frac{k}{g}}\,v_0\right)$ は 0 から $\frac{\pi}{2}$ まで増加する. よって, $\tau < \frac{\pi}{2\sqrt{kg}}$.

8-7. (a) 抵抗力は上向きに作用するので,

$$v\frac{\mathrm{d}v}{\mathrm{d}x} = kv^2 - g = k\left(v^2 - \frac{g}{k}\right) \quad \Rightarrow \quad \frac{v\mathrm{d}v}{v^2 - \frac{g}{k}} = k\,\mathrm{d}x$$

両辺を積分して,

$$\frac{1}{2}\ln\left|v^2 - \frac{g}{k}\right| = kx + C = \ln\left(e^C e^{kx}\right) \quad \Rightarrow \quad v^2 - \frac{g}{k} = \pm e^{2C} e^{2kx}$$

$t=0$ のとき $x=H$, $v=0$ より $\pm e^{2C}e^{2kH} = -\frac{g}{k} \quad \Rightarrow \quad v^2 - \frac{g}{k} = -\frac{g}{k}e^{2k(x-H)}$

$\Rightarrow \quad v^2 = \frac{g}{k}\left(1 - e^{2k(x-H)}\right)$. $x=0$ を代入して, ${v_g}^2 = \frac{g}{k}\left(1 - e^{-2kH}\right)$.

(b) 速さ v_0 で投げ上げたときの上昇距離は, *8-5.*(d) より $\frac{1}{2k}\ln\left(\frac{k{v_0}^2}{g} + 1\right)$ である. これを上式の H に代入して,

$$v_g = \sqrt{\frac{g}{k}\left(1 - e^{-\ln\left(\frac{k{v_0}^2}{g}+1\right)}\right)} = \sqrt{\frac{g}{k}\left(1 - \frac{1}{\frac{k{v_0}^2}{g}+1}\right)} = \frac{v_0}{\sqrt{\frac{k{v_0}^2}{g}+1}}$$

8-8. (a) $m\frac{\mathrm{d}v}{\mathrm{d}t} = -mkv^n \quad \Rightarrow \quad -\frac{v^{-n}}{k}\mathrm{d}v = \mathrm{d}t \quad \Rightarrow \quad n \neq 1$ のときには積分して

$-\frac{v^{1-n}}{k(1-n)} + C = t$ となる. $t=0$ のとき $v=v_0$ より $C = \frac{{v_0}^{1-n}}{k(1-n)}$. よって,

$t = \frac{{v_0}^{1-n} - v^{1-n}}{k(1-n)} \;\; (n \neq 1)$. 同様の計算で, $t = \frac{1}{k}\ln\frac{v_0}{v} \;\; (n=1)$.

(b) (a) の計算結果により, $v \to 0$ の極限で t が有限の値になるのは, $n < 1$ のときで, 止まるまでの時間は $\frac{{v_0}^{1-n}}{k(1-n)}$

(c) $mv\frac{\mathrm{d}v}{\mathrm{d}x} = -mkv^n \quad \Rightarrow \quad -\frac{v^{1-n}}{k}\mathrm{d}v = \mathrm{d}x \quad \Rightarrow \quad n \neq 2$ のときには積分して

$-\frac{v^{2-n}}{k(2-n)} + D = x$ となる. $x=0$ のとき $v=v_0$ より $D = \frac{{v_0}^{2-n}}{k(2-n)}$. よって,

$x = \frac{{v_0}^{2-n} - v^{2-n}}{k(2-n)} \;\; (n \neq 2)$. 同様の計算で, $x = \frac{1}{k}\ln\frac{v_0}{v} \;\; (n=2)$.

(d) 有限の変位で止まるのは, $n < 2$ のときで, 止まるまでの変位は $\frac{{v_0}^{2-n}}{k(2-n)}$.

$1 \leqq n < 2$ のとき, 変位は有限だが, 止まるまでには無限に時間がかかる. n の値に応じて k の次元が異なることに注意せよ.

演習問題 9

A

9-1. (a) $T = \pi/5\,\text{s}$,　$f = 5/\pi\,\text{Hz}$,　$\delta = 0\,\text{rad}$.　グラフで確認すること.

    (b) $T = 1/5\,\text{s}$,　$f = 5\,\text{Hz}$,　$\delta = 0\,\text{rad}$.　(c) $T = 1/5\,\text{s}$,　$f = 5\,\text{Hz}$,　$\delta = \pi/2\,\text{rad}$.

9-2. (a)　$A = C\cos\delta$,　$B = C\sin\delta$,　$C = \sqrt{A^2 + B^2}$,　$\delta = \tan^{-1}\dfrac{B}{A}$

    (b)　微分して直接に確認する.

    (c)　$\beta = \sqrt{k}$. x を方程式に代入して係数を比較. C, δ はこの方法では決まらない. これらは別の条件で決める. たとえば, $t = 0$ での x と $\dfrac{\mathrm{d}x}{\mathrm{d}t}$（初期条件）を指定する.

9-3. (a)　$4\,\text{m}$,　$\dfrac{\pi}{6}\,\text{rad/s}$,　$12\,\text{s}$　(b) $2\,\text{m}$　(c) $3\pi\cos\pi t$　(d) $\dfrac{3}{2}\pi\,\text{m/s}$

    (e)　$0.8\,\text{m/s}^2$,　$0.8\,\text{N}$　(f) (i) B　　(ii) A, C　　(iii) A, C　　(iv) B

B

9-4. 初期条件が異なる. 運動方程式 $m\dfrac{\mathrm{d}^2 x}{\mathrm{d}t^2} = -kx$ より一般解は $\omega^2 = \dfrac{k}{m}$ として

$$x = A\cos\omega t + B\sin\omega t, \quad v = \frac{\mathrm{d}x}{\mathrm{d}t} = -\omega A\sin\omega t + \omega B\cos\omega t \quad A, B\,\text{は定数}$$

$\Rightarrow$　$t = 0$ のとき $x = A$, $v = \omega B$.

① 初期条件：$x = a$, $v = 0\,\text{m/s}$　$\Rightarrow$　$x = a\cos\omega t$

② 初期条件：$x = 0\,\text{m}$, $v = v_0$　$\Rightarrow$　$x = \dfrac{v_0}{\omega}\sin\omega t$

9-5. 初期条件：$x = -a$, $v = 0\,\text{m/s}$　$\Rightarrow$　$x = -a\cos\omega t$, $v = \omega a\sin\omega t$. $x = \dfrac{a}{2}$ より

$\cos\omega t = -\dfrac{1}{2}$. これを満たす正で最小の t は $\dfrac{2\pi}{3\omega} = \dfrac{2\pi}{3}\sqrt{\dfrac{m}{k}}$. このとき $v = \dfrac{a}{2}\sqrt{\dfrac{3k}{m}}$

C

9-6. (a)　$m\dfrac{\mathrm{d}^2 x}{\mathrm{d}t^2} = -kx - mg$　(b) $-kx - mg = 0$　$\Rightarrow$　$x = -\dfrac{mg}{k}$

    (c)　$X = x - \left(-\dfrac{mg}{k}\right)$ とおくと, $m\dfrac{\mathrm{d}^2 X}{\mathrm{d}t^2} = -kX$ となる. 一般解は $\omega^2 = \dfrac{k}{m}$ として

$$X = A\cos\omega t + B\sin\omega t \quad \Rightarrow \quad x = A\cos\omega t + B\sin\omega t - \frac{mg}{k}$$

$t = 0\,\text{s}$ のとき $x = -\dfrac{mg}{k} - a$, $v = 0\,\text{m/s}$　$\Rightarrow$　$x = -a\cos\omega t - \dfrac{mg}{k}$. 振動の中心はつり合いの点で $x = -\dfrac{mg}{k}$, 周期は $\dfrac{2\pi}{\omega} = 2\pi\sqrt{\dfrac{m}{k}}$. x のグラフは次のようになる.

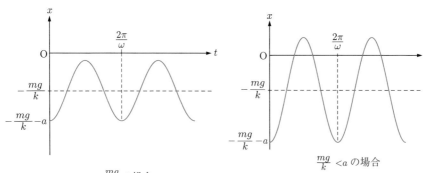

$a < \dfrac{mg}{k}$ の場合　　　　　$\dfrac{mg}{k} < a$ の場合

9-7. (a) 最高点の高さが 0 以下. $-\dfrac{mg}{k} + a \le 0 \quad \Rightarrow \quad a \le \dfrac{mg}{k}$.

(b) $x > 0$ のところでばねが下向きに引く力がなくなるので, $x > 0$ の部分にいる時間が延びる. そのため周期は 長くなる.

(c) $x = -\dfrac{2mg}{k} \cos \omega t - \dfrac{mg}{k} = -\dfrac{2mg}{k}\left(\cos \omega t + \dfrac{1}{2}\right)$

が正になるのは, $\dfrac{2\pi}{3} < \omega t < \dfrac{4\pi}{3}$ で 1 周

期の $\dfrac{1}{3}$. $\omega t = \dfrac{2\pi}{3}$ のとき, $v = \dfrac{2mg}{k}\omega \sin\left(\dfrac{2\pi}{3}\right) =$

$\dfrac{\sqrt{3}g}{\omega}$. この速さで投げ上げられた物体の T 後

の高さは $\dfrac{\sqrt{3}g}{\omega}T - \dfrac{1}{2}gT^2$. これが 0 m とな

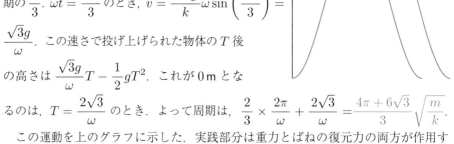

るのは, $T = \dfrac{2\sqrt{3}}{\omega}$ のとき. よって周期は, $\dfrac{2}{3} \times \dfrac{2\pi}{\omega} + \dfrac{2\sqrt{3}}{\omega} = \dfrac{4\pi + 6\sqrt{3}}{3}\sqrt{\dfrac{m}{k}}$.

　　この運動を上のグラフに示した. 実践部分は重力とばねの復元力の両方が作用するときの運動を示し, 点線部分がゴムひもがたるんで, 重力だけが働く放物運動になっている部分を示す.

9-8. (a) ばね定数を k とすると, $k(\ell - \ell_0) = mg \sin \theta \quad \Rightarrow \quad k = \dfrac{mg \sin \theta}{\ell - \ell_0}$

(b) 原点でばねは $\ell - \ell_0$ 伸びているので, 運動方程式は,

$$m\dfrac{\mathrm{d}^2 x}{\mathrm{d}t^2} = -k\left(x + (\ell - \ell_0)\right) + mg \sin \theta = -\dfrac{mg \sin \theta}{\ell - \ell_0}x$$

これは, 角振動数 $\omega = \sqrt{\dfrac{g \sin \theta}{\ell - \ell_0}}$ の単振動を表す. 周期は $2\pi\sqrt{\dfrac{\ell - \ell_0}{g \sin \theta}}$

一般解は $x = A\cos \omega t + B\sin \omega t$. 初期条件から定数を決めると $x = a\cos \omega t$

(c) $v = -\omega a \sin \omega t$. 速さの最大値は $\omega a = $

$a\sqrt{\dfrac{g \sin \theta}{\ell - \ell_0}}$ このとき $x = 0$

(d) $\cos^2 \omega t + \sin^2 \omega t = \left(\dfrac{x}{a}\right)^2 + \left(\dfrac{v}{\omega a}\right)^2 = 1$.
この楕円上を時計回りに回転する.

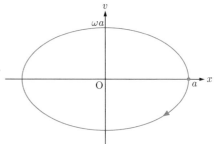

9-9.　$m\dfrac{\mathrm{d}^2 x}{\mathrm{d}t^2} = -2T\sin\theta \fallingdotseq -2T\tan\theta$. 図より $\tan\theta = \dfrac{x}{\left(\frac{\ell}{2}\right)}$.　$\Rightarrow \dfrac{\mathrm{d}^2 x}{\mathrm{d}t^2} = -\dfrac{4T}{m\ell}x$ となる.

　　　角振動数 $\omega = 2\sqrt{\dfrac{T}{m\ell}}$ の単振動

9-10.　∠A= θ_1, ∠B= θ_2 と置く.　$m\dfrac{\mathrm{d}^2 x}{\mathrm{d}t^2} = -T\sin\theta_1 - T\sin\theta_2 \fallingdotseq -T(\tan\theta_1 + \tan\theta_2)$.

　　　$\tan\theta_1 = \dfrac{x}{\left(\frac{\ell}{2}-a\right)}$, $\tan\theta_2 = \dfrac{x}{\left(\frac{\ell}{2}+a\right)}$.　$\Rightarrow \dfrac{\mathrm{d}^2 x}{\mathrm{d}t^2} = -\dfrac{4T}{m\ell\left\{1-\left(\frac{2a}{\ell}\right)^2\right\}}x$ となる.

　　　角振動数 $\omega = 2\sqrt{\dfrac{T}{m\ell\left\{1-\left(\frac{2a}{\ell}\right)^2\right\}}}$ の単振動

演習問題 10

A

10-1.　(a)　$v(t) = \dfrac{\mathrm{d}x}{\mathrm{d}t} = -\Omega x_0 e^{-\gamma t}\left\{1+\left(\dfrac{\gamma}{\Omega}\right)^2\right\}\sin\Omega t$

　　　(b)　$\Omega t = n\pi$　$\Rightarrow$　$t = \dfrac{n\pi}{\Omega} = n\cdot\dfrac{T_d}{2}$, $n = 1, 2, \cdots$, のとき $v(t) = 0$ となる.

10-2.　$x(t+T_d) = x_0 e^{-\gamma(t+T_d)}\sqrt{1+\left(\dfrac{\gamma}{\Omega}\right)^2}\cos\{\Omega(t+T_d)-\delta\} = x(t)\exp\left(-\dfrac{T_d}{\tau_d}\right)$

B

10-3.　(a)　図からばねの長さを読み取り, そこから自然長を引いて伸びを求める.

　　　(1)　$m\dfrac{\mathrm{d}^2 x}{\mathrm{d}t^2} = -k_1(x-\ell_1) + k_2\{(L-x)-\ell_2\}$

　　　(2)　$m\dfrac{\mathrm{d}^2 x}{\mathrm{d}t^2} = -k_2\{(x-x_0)-\ell_2\} + mg$　但し, x_0 のところでばねの力がつり合

　　　　　うので, $k_1(x_0-\ell_1) = k_2\{(x-x_0)-\ell_2\}$　$\Rightarrow$　$x_0 = \dfrac{k_2 x + (k_1\ell_1 - k_2\ell_2)}{k_1 + k_2}$.

　　　(3)　$m\dfrac{\mathrm{d}^2 x}{\mathrm{d}t^2} = -k_1(x-\ell_1) + k_2\{(L-x)-\ell_2\} + mg$

　　(b)　$\bar{x}$ も運動方程式を満たす (静止を続けるという解). 但し, 微分はゼロ.

　　　(1)　$m\dfrac{\mathrm{d}^2\bar{x}}{\mathrm{d}t^2} = -k_1(\bar{x}-\ell_1) + k_2\{(L-\bar{x})-\ell_2\} = 0$　$\Rightarrow$　$\bar{x} = \dfrac{k_1\ell_1 + k_2(L-\ell_2)}{k_1 + k_2}$

　　　(2)　$m\dfrac{\mathrm{d}^2\bar{x}}{\mathrm{d}t^2} = -k_2\left\{\left(\bar{x} - \dfrac{k_2\bar{x}+(k_1\ell_1-k_2\ell_2)}{k_1+k_2}\right) - \ell_2\right\} + mg = 0$

　　　　　$\Rightarrow$　$\bar{x} = \dfrac{(k_1+k_2)mg}{k_1 k_2} + \ell_1 + \ell_2$

　　　(3)　$m\dfrac{\mathrm{d}^2\bar{x}}{\mathrm{d}t^2} = -k_1(\bar{x}-\ell_1) + k_2\{(L-\bar{x})-\ell_2\} + mg = 0$

　　　　　$\Rightarrow$　$\bar{x} = \dfrac{k_1\ell_1 + k_2(L-\ell_2) + mg}{k_1 + k_2}$

　　(c)　x が満たす運動方程式と, $\bar{x}$ が満たす運動方程式を並べて引き算する (辺々).

(1) $m\dfrac{\mathrm{d}^2 X}{\mathrm{d}t^2} = -(k_1 + k_2)X$

(2) $m\dfrac{\mathrm{d}^2 X}{\mathrm{d}t^2} = -k_2\left(X - \dfrac{k_2 X}{k_1 + k_2}\right) = -\dfrac{k_1 k_2}{k_1 + k_2}X$

(3) $m\dfrac{\mathrm{d}^2 X}{\mathrm{d}t^2} = -(k_1 + k_2)X$

(1) と (3) は同じ. ばねの自然長 ℓ_1, ℓ_2, 壁間の距離 L, 重力 mg は, 振動の中心の位置 $\bar{x}$ には関係するが, 振動には影響しない. つまり, つり合いの位置にある時にばねは自然長であると考えて運動方程式を書いてよい.

(d) (1) $2\pi\sqrt{\dfrac{m}{k_1 + k_2}}$ (2) $2\pi\sqrt{m\left(\dfrac{1}{k_1} + \dfrac{1}{k_2}\right)}$ (3) $2\pi\sqrt{\dfrac{m}{k_1 + k_2}}$

10-4. (a) $m\dfrac{\mathrm{d}^2 x}{\mathrm{d}t^2} = -kx + F = -k\left(x - \dfrac{F}{k}\right)$

(b) $x(t) = C_1\cos(\omega t + \delta_1) + \ell$ C_1, δ_1 は積分定数. , (ヒント：$X = x - \ell$ とおいて, X の式に変形する. そのときに, ℓ は定数なので, $\ddot{X} = \ddot{x}$ になることに注意.)

(c) $x(t) = (A_0 - \ell)\cos\omega t + \ell$ (d) $A_1 = -A_0 + 2\ell,\ t_1 = \dfrac{\pi}{\omega}$

(e) $m\dfrac{\mathrm{d}^2 x}{dt^2} = -kx - F$ (f) $x(t) = C_2\cos(\omega t + \delta_2) - \ell$ C_2, δ_2 は積分定数.

(g) $x(t) = (A_0 - 3\ell)\cos\omega t - \ell$ (h) $A_2 = A_0 - 4\ell,\ t_2 = \dfrac{2\pi}{\omega}$

(i) $T = \dfrac{2\pi}{\omega}$. 摩擦がない場合と等しい.

(j) 小球が n 回目に静止した位置を A_n として, $|A_{n-1}| > \ell$ で $|A_n| \leqq \ell$ のとき.
⇒ $(2n-1)\ell < A_0 \leqq (2n+1)\ell$ $(A_n = (-1)^n(A_0 - 2n\ell))$

(k) 省略

C

10-5. (a) ∠OAP$= \theta$ と置く. ばねが点 A の向きに引く力は $k\left(\sqrt{x^2 + a^2} - \ell\right)$. よって,

$$f = -k\left(\sqrt{x^2 + a^2} - \ell\right)\sin\theta = -k\left(\sqrt{x^2 + a^2} - \ell\right)\frac{x}{\sqrt{x^2 + a^2}}$$

$$= -k\left(1 - \frac{\ell}{\sqrt{x^2 + a^2}}\right)x$$

(b) $1 - \dfrac{\ell}{\sqrt{x^2 + a^2}} = 0$ の解が存在すれば良い. 形式的にこれを解くと $x_0 = \pm\sqrt{\ell^2 - a^2}$
解が存在する条件は, $a < \ell$

(c)

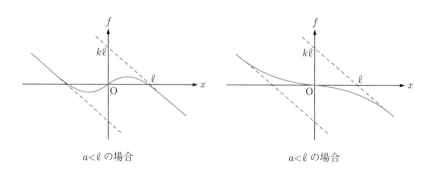

$a < \ell$ の場合　　　　　　　$a < \ell$ の場合

(d) $f = -k\left(1 - \dfrac{\ell}{a\sqrt{\left(\frac{x}{a}\right)^2 + 1}}\right)x \fallingdotseq -k\left(1 - \dfrac{\ell}{a}\right)x$. 周期は $2\pi\sqrt{\dfrac{m}{k\left(1 - \frac{\ell}{a}\right)}}$

(e) $f > 0$ だから，x 軸の正の向きに加速される．$f = 0$ となる $x = \sqrt{\ell^2 - a^2}$ の点で最速となり，その後減速して止まる．このとき $f < 0$ なので原点に向かって引き返す．$x = d$ の点まで来て止まり，最初の状態に戻る．この後，上記の振動を繰り返す．

10-6. (a) $m\dfrac{\mathrm{d}^2 x}{\mathrm{d}t^2} = -k(x - a\sin\omega_0 t - \ell) + mg$

(b) x_0 に静止するという運動方程式の解 $m\dfrac{\mathrm{d}^2 x_0}{\mathrm{d}t^2} = -k(x_0 - \ell) + mg = 0$　$\Rightarrow$

$x_0 = \dfrac{mg}{k} + \ell$. (a) の運動方程式との差をとって，$m\dfrac{\mathrm{d}^2 y}{\mathrm{d}t^2} = -ky + ka\sin\omega_0 t$

(c) $y = C\sin\omega_0 t$ と仮定．$-m\omega_0{}^2 C = -kC + ka$　$\Rightarrow$　$C = \dfrac{ka}{k - m\omega_0{}^2} = \dfrac{\omega^2 a}{\omega^2 - \omega_0{}^2}$

特解は $y_{\mathrm{P}} = \dfrac{\omega^2 a}{\omega^2 - \omega_0{}^2}\sin\omega_0 t$　　（$k = m\omega^2$ を用いた）

(d) 斉次の微分方程式の一般解 y_{H} を加える．$x = y_{\mathrm{H}} + y_{\mathrm{P}} + x_0$

$\Rightarrow$　$x = A\cos\omega t + B\sin\omega t + \dfrac{\omega^2 a}{\omega^2 - \omega_0{}^2}\sin\omega_0 t + x_0$　　A, B は定数

(e) 一般解で $t = 0$ とすると，$x = A + x_0$, $\dfrac{\mathrm{d}x}{\mathrm{d}t} = \omega B + \dfrac{\omega_0 \omega^2 a}{\omega^2 - \omega_0{}^2}$. 初期条件より

$A = 0, B = -\dfrac{\omega_0 \omega a}{\omega^2 - \omega_0{}^2}$. $x = -\dfrac{\omega_0 \omega a}{\omega^2 - \omega_0{}^2}\sin\omega t + \dfrac{\omega^2 a}{\omega^2 - \omega_0{}^2}\sin\omega_0 t + x_0$

$\omega_0 \gg \omega$ の場合 $\left(\dfrac{\omega}{\omega_0}\right)^2$ を無視する近似で，

$x = -\dfrac{\left(\frac{\omega}{\omega_0}\right)a}{\left(\frac{\omega}{\omega_0}\right)^2 - 1}\sin\omega t + \dfrac{\left(\frac{\omega}{\omega_0}\right)^2 a}{\left(\frac{\omega}{\omega_0}\right)^2 - 1}\sin\omega_0 t + x_0 \fallingdotseq \left(\dfrac{\omega}{\omega_0}\right)a\sin\omega t + x_0$

ばねの上端が振幅 a で振動するのに対し，おもりの振幅は $\left(\dfrac{\omega}{\omega_0}\right)a$ となって非常に小さくなる．おもりは外部の振動の影響を受けない不動な点になっている．地震計の原理を示すモデルである．

$\omega_0 \fallingdotseq \omega$ の場合 $\dfrac{\omega_0 \omega a}{\omega^2 - \omega_0{}^2} = \dfrac{\omega_0 \omega a}{(\omega + \omega_0)(\omega - \omega_0)} \fallingdotseq \dfrac{\omega a}{2(\omega - \omega_0)}$ となる．同様に

$\dfrac{\omega^2 a}{\omega^2 - \omega_0{}^2} = \dfrac{\omega^2 a}{(\omega + \omega_0)(\omega - \omega_0)} \fallingdotseq \dfrac{\omega a}{2(\omega - \omega_0)}$，と近似できるので，

$x \fallingdotseq -\dfrac{\omega a}{2(\omega - \omega_0)}(\sin\omega t - \sin\omega_0 t) + x_0$

ここで，$\sin\omega t - \sin\omega_0 t = 2\sin\dfrac{\omega + \omega_0}{2}t\cos\dfrac{\omega - \omega_0}{2}t \fallingdotseq 2\cos\dfrac{\omega - \omega_0}{2}t\sin\omega t$.

$\Rightarrow$　$x \fallingdotseq -\left(\dfrac{\omega a}{\omega - \omega_0}\cos\dfrac{\omega - \omega_0}{2}t\right)\cdot\sin\omega t + x_0$

おもりは角振動数 ω で振動し，その振幅が $\dfrac{\omega a}{\omega - \omega_0}\cos\dfrac{\omega - \omega_0}{2}t$ であるとみなせる．この振幅はゆっくり変化するが，その最大値は $\dfrac{\omega a}{\omega - \omega_0}$ で，上端の振幅 a より大きくなる共振を示すモデルである．

10-7. (a) 　$M(r) = M \times \dfrac{\frac{4\pi r^3}{3}}{\frac{4\pi R^3}{3}} = \dfrac{r^3}{R^3} M$

(b) 　万有引力を m で割る．$G\dfrac{M(r)}{r^2} = \dfrac{GM}{R^3} r$．地表での万有引力が重力なので，

$G\dfrac{mM}{R^2} = mg$ が成り立つ．よって，加速度の 大きさ：$\dfrac{g}{R} r$ 向き：地球の中心

(c) 　地球の中心からの距離 r に比例した復元力が働くので単振動．角振動数は $\omega = \sqrt{\dfrac{g}{R}}$．

求める時間は周期の半分．$\pi\sqrt{\dfrac{R}{g}} \fallingdotseq 42.3$ 分

(d) 　図のように，穴の中心向きに力 $\boldsymbol{f}$ が作用する．その大きさは $f = F\sin\theta$ で，$\boldsymbol{F}$ の大きさは (b) より $F = \dfrac{mg}{R} r$ で，$\sin\theta = \dfrac{x}{r}$．よって，質点にはたらく力の大きさは $f = \dfrac{mg}{R} r \times \dfrac{x}{r} = \dfrac{mg}{R} x$．$x$ に比例する復元力が作用するので単振動となり，角振動数は中心を通る場合と変わらない．従って，時間は 変わらない．

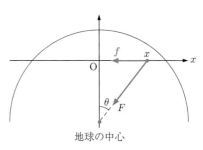

地球の中心

10-8. (a) 　鉛直方向の変位は $\ell(1 - \cos\theta)$ で，振れ角の 2 次の項を無視するとき 0 となるから．

(b) 　$m\dfrac{\mathrm{d}^2 x_1}{\mathrm{d}t^2} = -T_1\sin\theta_1 + T_2\sin\theta_2 \ \Rightarrow\ m\ell\dfrac{\mathrm{d}^2\theta_1}{\mathrm{d}t^2} = -2mg\,\theta_1 + mg\,\theta_2$

$m\dfrac{\mathrm{d}^2 x_2}{\mathrm{d}t^2} = -T_2\sin\theta_2 \qquad\qquad \Rightarrow\ m\ell\left(\dfrac{\mathrm{d}^2\theta_1}{\mathrm{d}t^2} + \dfrac{\mathrm{d}^2\theta_2}{\mathrm{d}t^2}\right) = -mg\,\theta_2$

(c) 　第 1 式より $\theta_2 = 2\theta_1 + \dfrac{1}{\omega_0^2}\dfrac{\mathrm{d}^2\theta_1}{\mathrm{d}t^2}$．これを第 2 式 $\dfrac{1}{\omega_0^2}\left(\dfrac{\mathrm{d}^2\theta_1}{\mathrm{d}t^2} + \dfrac{\mathrm{d}^2\theta_2}{\mathrm{d}t^2}\right) = -\theta_2$ に代入，整理する．

(d) 　特性方程式は $\lambda^4 + 4\omega_0^2\lambda^2 + 2\omega_0^4 = 0$．$\lambda^2$ について解くと，$\lambda^2 = \left(-2 \pm \sqrt{2}\right)\omega_0^2$ となる．いずれも負で，4 つの純虚数解が得られる．

(e) 　$\theta_2 = 2\theta_1 + \dfrac{1}{\omega_0^2}\dfrac{\mathrm{d}^2\theta_1}{\mathrm{d}t^2}$

$= 2(A\cos\omega_1 t + B\sin\omega_1 t + C\cos\omega_2 t + D\sin\omega_2 t)$

$+ \dfrac{1}{\omega_0^2}(-\omega_1^2 A\cos\omega_1 t - \omega_1^2\sin\omega_1 t - \omega_2^2 C\cos\omega_2 t - \omega_2^2\sin\omega_2 t)$

$= \sqrt{2}\,(A\cos\omega_1 t + B\sin\omega_1 t - C\cos\omega_2 t - D\sin\omega_2 t)$

(f) 　$\dfrac{\mathrm{d}\theta_1}{\mathrm{d}t} = -\omega_1 A\sin\omega_1 t + \omega_1 B\cos\omega_1 t - \omega_2 C\sin\omega_2 t + \omega_2 D\cos\omega_2 t$

$\dfrac{\mathrm{d}\theta_2}{\mathrm{d}t} = \sqrt{2}(-\omega_1 A\sin\omega_1 t + \omega_1 B\cos\omega_1 t + \omega_2 C\sin\omega_2 t - \omega_2 D\cos\omega_2 t)$

故に，一般解で $t = 0$ と置くと，

$\theta_1 = A + C,\quad \theta_2 = \sqrt{2}(A - C),\quad \dfrac{\mathrm{d}\theta_1}{\mathrm{d}t} = \omega_1 B + \omega_2 D,\quad \dfrac{\mathrm{d}\theta_2}{\mathrm{d}t} = \sqrt{2}(\omega_1 B - \omega_2 D)$

一方，初期条件からは，

$$\ell\theta_1 = a, \quad \ell(\theta_1 + \theta_2) = a, \quad \ell\frac{\mathrm{d}\theta_1}{\mathrm{d}t} = 0\,\mathrm{m/s}, \quad \ell\left(\frac{\mathrm{d}\theta_1}{\mathrm{d}t} + \frac{\mathrm{d}\theta_2}{\mathrm{d}t}\right) = 0\,\mathrm{m/s}$$

これを解くと，$A = C = \dfrac{a}{2\ell}$，$B = D = 0$．よって，

$$x_1 = \frac{a}{2}(\cos\omega_1 t + \cos\omega_2 t)\ x_2 = \frac{a}{2}\left\{\left(\sqrt{2}+1\right)\cos\omega_1 t - \left(\sqrt{2}-1\right)\cos\omega_2 t\right\}$$

演習問題 11

A

11-1. (a) $120\,\mathrm{J}$　(b) $4.5\times10^5\,\mathrm{J}$　(c) $2160\,\mathrm{J}$

(d) $6.1\times10^{-21}\,\mathrm{J}$．この他に分子の回転の運動エネルギーもある．

(e) $4.1\times10^{-16}\,\mathrm{J}$．光速の $10\,\%$．このため電子の質量は約 $0.5\,\%$ 増加している．

11-2. (a) $m\dfrac{\mathrm{d}v}{\mathrm{d}t} = F$，$v = \dfrac{\mathrm{d}x}{\mathrm{d}t}$

(b) 加速度は一定で $1\,\mathrm{m/s^2}$．$v = 1\times10 = 10\,\mathrm{m/s}$．$x = \dfrac{1}{2}\times1\times10^2 = 50\,\mathrm{m}$．

(c) $W = F\varDelta x = 500\,\mathrm{J}$，$T = \dfrac{1}{2}mv^2 = 500\,\mathrm{J}$．この場合はいつでも同じ値．

11-3. (a) $W = mgh$．力 mg 〔N〕で h 〔m〕移動するときの仕事．

(b) $m\dfrac{\mathrm{d}v}{\mathrm{d}t} = -mg$，$v = \dfrac{\mathrm{d}y}{\mathrm{d}t}$ から $v = -gt\,\mathrm{[m/s]}$，$y = h - \dfrac{1}{2}gt^2\,\mathrm{[m]}$

(c) $t = \sqrt{\dfrac{2h}{g}}\,\mathrm{[s]}$，$v = -\sqrt{2gh}\,\mathrm{[m/s]}$

(d) $K = \dfrac{1}{2}mv^2 = mgh$．この結果は仕事 W に等しい．

11-4. (a) $90\,\mathrm{J}$．　(b) $-0.15\,\mathrm{m/s^2}$，$-3.0\,\mathrm{N}$．

(c) $v - 3.0\ \ 0.15\,t\,\mathrm{[m/s]}$，$x = 3.0\,t - 7.5\times10^{-2}\,t^2\,\mathrm{[m]}$．加速度を積分し，初期条件で定数を決める．

(d) $30\,\mathrm{m}$．　(e) $-90\,\mathrm{J}$．摩擦力はいつでも運動を止める向きに作用し，仕事は常に負．

11-5. (a) $100\,\mathrm{J}$　(b) $-6000\,\mathrm{J}$　(c) $7.4\,\mathrm{J}$　(d) $-44\,\mathrm{J}$

11-6. (a) $65\times9.8\times4.0 = 2548\ \Rightarrow\ 2.5\times10^3\,\mathrm{J}$　(b) $\dfrac{2548}{2.0} = 1274\ \Rightarrow\ 1.3\times10^3\,\mathrm{W}$

11-7. $v = 144\,\mathrm{km/h} = 144\times\dfrac{1000\,\mathrm{m}}{3600\,\mathrm{s}} = 40\,\mathrm{m/s}$．$F = \dfrac{\frac{1}{2}mv^2}{\varDelta x} = 600\ \Rightarrow\ 6.0\times10^2\,\mathrm{N}$

B

11-8. (a) $\varDelta x = \dfrac{\varDelta K}{F} = \dfrac{v^2}{2\mu g} \fallingdotseq 24.5\ \Rightarrow\ 24.5\,\mathrm{m}$

(b) $Fv = \mu mgv = 96.04\ \Rightarrow\ 96\,\mathrm{W}$

11-9. (a) $W = \displaystyle\int_0^y mg\,dy = \big[mgy\big]_0^y = mgy$　(b) $392\,\mathrm{J}$

(c) $W = \displaystyle\int_0^x kx\,dx = \left[\dfrac{1}{2}kx^2\right]_0^x = \dfrac{1}{2}kx^2$　(d) $2.5\times10^{-2}\,\mathrm{J}$

(e) $W = \displaystyle\int_{x_0}^{x_1} cx^2\,dx = \left[\dfrac{1}{3}cx^3\right]_{x_0}^{x_1} = \dfrac{1}{3}cx_1^3 - \dfrac{1}{3}cx_0^3$

11-10. (a) 16 J. x 軸方向には 3 N で 12 m, y 方向には -4 N で 5 m. 仕事はこの合計である.

(b) 48 J. $\Delta\boldsymbol{r} = \boldsymbol{r}_B - \boldsymbol{r}_A = 8\boldsymbol{i} - 6\boldsymbol{k}$〔m〕. x 方向の変位は $\boldsymbol{F}$ に垂直で仕事に関係しない.

11-11. 7.3 m²   *11-12.* 122 W

11-13. (a) 1.8×10^6 J. 重力を考えよう (b) 0.23 kg. 脂肪を減らすのは大変!

11-14. (b), (c) で 1. (d) 図で曲線 T の下の面積を S_T, 曲線 U の下の面積を S_U として $\sqrt{\dfrac{S_U}{S_T}}$.

11-15. (a) $\dfrac{1}{2}m(v_0\cos\alpha)^2 - \dfrac{1}{2}mv_0{}^2 = \displaystyle\int_h^H (-mg)\mathrm{d}y \quad \Rightarrow \quad H = h + \dfrac{(v_0\sin\alpha)^2}{2g}$

(b) $\dfrac{1}{2}mv^2 - \dfrac{1}{2}mv_0{}^2 = \displaystyle\int_h^0 (-mg)\mathrm{d}y \quad \Rightarrow \quad v = \sqrt{v_0{}^2 + 2gh}$

(c) $v\cos\theta = v_0\cos\alpha \quad \Rightarrow \quad \tan\theta = \sqrt{\dfrac{1}{\cos^2\theta} - 1} = \sqrt{\tan^2\alpha + \dfrac{2gh}{(v_0\cos\alpha)^2}}$

11-16. (a) 振幅を a とすると, おもりが $2a$ 下がったところが振動の下端となる. 始めの点(振動の上端)から下端に来るまでに重力がした仕事とばねがした(負の)仕事が打ち消す. $mg \times 2a = \dfrac{1}{2}k(2a)^2 \quad \Rightarrow \quad a = \dfrac{mg}{k}$ (b) 始めの点から $\dfrac{mg}{k}$ 下がった点

(c) 振動の中心に来るまでに重力がした仕事とばねがした仕事の合計は, $mg \times \dfrac{mg}{k} - \dfrac{1}{2}k\left(\dfrac{mg}{k}\right)^2 = \dfrac{m^2g^2}{2k}$. これがおもりの運動エネルギーとなる. $v = \sqrt{\dfrac{m}{k}}\,g$

(d) 振動の中心は, ばねが自然長となる点. 振幅が同じなら, 振動の中心を通るときの速さは同じ.

11-17. (a) $\rho L\dfrac{\mathrm{d}^2y}{\mathrm{d}t^2} = \rho yg$

(b) (a) より $\dfrac{\mathrm{d}^2y}{\mathrm{d}t^2} = \dfrac{g}{L}y$. $y = e^{\lambda t}$ と仮定すると, $\lambda = \pm\sqrt{\dfrac{g}{L}}$. よって, 一般解は, $y = Ae^{\sqrt{\frac{g}{L}}t} + Be^{-\sqrt{\frac{g}{L}}t}$. $t = 0$ のとき $y = \ell_0, v = 0$ m/s より

$$y(t) = \dfrac{\ell_0}{2}\left(e^{\sqrt{\frac{g}{L}}t} + e^{-\sqrt{\frac{g}{L}}t}\right) \quad v(t) = \dfrac{\ell_0}{2}\sqrt{\dfrac{g}{L}}\left(e^{\sqrt{\frac{g}{L}}t} - e^{-\sqrt{\frac{g}{L}}t}\right)$$

(c) $y(\tau) = L$ を解く. $e^{\sqrt{\frac{g}{L}}\tau} = X$ と置くと $\dfrac{\ell_0}{2}\left(X + X^{-1}\right) = L \Rightarrow X^2 + 1 = \dfrac{2L}{\ell_0}X$.

$0 < \tau$ のとき $1 < X$. この条件を満たす解は $X = \dfrac{L}{\ell_0} + \sqrt{\left(\dfrac{L}{\ell_0}\right)^2 - 1}$.

$$\Rightarrow \quad \tau = \sqrt{\dfrac{L}{g}}\ln\left(\dfrac{L}{\ell_0} + \sqrt{\left(\dfrac{L}{\ell_0}\right)^2 - 1}\right)$$

(d) $v(\tau) = \dfrac{\ell_0}{2}\sqrt{\dfrac{g}{L}}\left(X - X^{-1}\right) = \sqrt{\dfrac{g\left(L^2 - \ell_0{}^2\right)}{L}}$

(e) 穴からぶら下がっている部分の鎖の質量は, $\rho\ell_0$ から ρL に変化. その部分の重心の位置は, $y = \dfrac{\ell_0}{2}$ から $\dfrac{L}{2}$ まで下がった. よって, 重力がした仕事 = 失われた重力による位置エネルギーは, $\rho Lg \times \dfrac{L}{2} - \rho\ell_0 g \times \dfrac{\ell_0}{2} = \dfrac{\rho g}{2}\left(L^2 - \ell_0{}^2\right)$. これが $\dfrac{1}{2}\rho Lv^2$

に等しいと置くと，$v = \sqrt{\dfrac{g\left(L^2 - \ell_0{}^2\right)}{L}}$ となって，前問の答えと一致する.

演習問題 12

A

12-1. (a) 29 J. $U = mgh$ で計算する. 以下，同じ.

(b) 4.9×10^{11} J. 水力発電所で利用できるエネルギー

(c) 5.2×10^6 J. 重力に対抗する仕事で評価した値. 使ったエネルギーはもっと多い.

(d) 5.2×10^{-21} J. 室温の酸素分子の運動エネルギーと比べてみよ.

12-2. (a) $W = mg(h - y)$

(b) $K = \dfrac{1}{2}mv^2 = mg(h - y)$. 距離 $h - y$ の間の仕事が運動エネルギーに変わる.

(c) $K + U = \dfrac{1}{2}mv^2 + mgy = mgh$. 上式の書き直し

12-3. (a) 16 J　(b) 0.10 J

12-4. (a) $F_y = -\dfrac{\mathrm{d}U}{\mathrm{d}y} = -mg$. 大きさ mg で鉛直下向きの力. 水平方向の変化はない.

(b) $F_x = -\dfrac{\mathrm{d}U}{\mathrm{d}x} = -kx$. 大きさ kx で原点方向を向く復元力を表わす.

(c) $F_r = -\dfrac{\mathrm{d}U}{\mathrm{d}r} = -\dfrac{GMm}{r^2}$. 大きさ $\dfrac{GMm}{r^2}$ で原点方向を向く万有引力を表わす.

(d) $F_r = -\dfrac{\mathrm{d}U}{\mathrm{d}r} = \dfrac{1}{4\pi\varepsilon_0}\dfrac{q_1 q_2}{r^2}$. 大きさ $\dfrac{1}{4\pi\varepsilon_0}\dfrac{q_1 q_2}{r^2}$ で原点を中心とするクーロン力を表わす. $q_1 q_2$ が正のときは斥力（反発力），負のときは引力となる. 万有引力にくらべるとクーロン力は非常に強い.

12-5. (a) 39 J，0 J　(b) 0 J，39 J　(c) 5.6 m/s　(d) 1.6 m

12-6. (a) 1.0 m/s　(b) 0.80 m/s

12-7. (a) $U = -\dfrac{GMm}{2R} = -\dfrac{mgR}{2}$. 無限遠方を基準にとる.　(b) $v > \sqrt{gR}$. 間の位置では $T + U = \dfrac{1}{2}mv^2 - \dfrac{GMm}{2R}$ である. この値が正であればよい.

(c) $v > 7.9 \times 10^3$ m/s. G, M, R から計算. $\sqrt{\dfrac{GM}{R}} = \sqrt{\dfrac{GM}{R^2}R} = \sqrt{gR}$ でもよい.

B

12-8. (a) 運動方程式 $m\dfrac{\mathrm{d}v}{\mathrm{d}t} = F$ の両辺に v をかけて，時刻 t_0 から t_1 まで積分すると，

$$(\text{左辺}) = m\int_{t_0}^{t_1} v\frac{\mathrm{d}v}{\mathrm{d}t}\mathrm{d}t = m\int_{v_0}^{v_1} v\mathrm{d}v = \frac{1}{2}mv_1^2 - \frac{1}{2}mv_0^2 = K_1 - K_0.$$

$$(\text{右辺}) = \int_{t_0}^{t_1} Fv\mathrm{d}t = \int_{t_0}^{t_1} F\frac{\mathrm{d}x}{\mathrm{d}t}dt = \int_{x_0}^{x_1} F\mathrm{d}x = W.$$

(b) $\dfrac{\mathrm{d}E}{\mathrm{d}t} = \dfrac{\mathrm{d}K}{\mathrm{d}t} + \dfrac{\mathrm{d}U}{\mathrm{d}t} = \dfrac{\mathrm{d}}{\mathrm{d}t}\left(\dfrac{1}{2}mv^2\right) + \dfrac{\mathrm{d}U}{\mathrm{d}x}\dfrac{\mathrm{d}x}{\mathrm{d}t} = mv\dfrac{\mathrm{d}v}{\mathrm{d}t} - Fv = Fv - Fv = 0$

12-9. (a) $0.31\ ^\circ$C　　(b) 2.6×10^5 W $\fallingdotseq 260$ kW

12-10. (a) 具体的に仕事を計算してみる

(b) 略．1周を2つに分けて，行きと帰りで仕事がどうなるかを考えてみる

12-11. (a) $-\dfrac{\mathrm{d}U}{\mathrm{d}r} = -\dfrac{GMm}{r^2}$．符号の変化に注意すること．$U$ が減る方向に引力が向いている．

(b) $\dfrac{\partial U}{\partial x} = \dfrac{\partial U}{\partial r}\dfrac{\partial r}{\partial x} = \dfrac{GMm}{r^2}\dfrac{2x}{2\sqrt{x^2+y^2+z^2}} = \dfrac{GMm}{r^2}\dfrac{x}{r}$

(c) $-\dfrac{\partial U}{\partial x} = -\dfrac{GMm}{r^2}\dfrac{x}{r} = F_x$.
この F_x は，((a) で得た重力の大きさと向き) × (x 方向の成分の割合) を表わす．

(d) $-\mathrm{d}U = F_x\mathrm{d}x + F_y\mathrm{d}y + F_z\mathrm{d}z = \boldsymbol{F}\cdot\mathrm{d}\boldsymbol{r} = \mathrm{d}W$．これは力 $\boldsymbol{F} = F_x\boldsymbol{i} + F_y\boldsymbol{j} + F_z\boldsymbol{k}$ が変位 $\mathrm{d}\boldsymbol{r} = \mathrm{d}x\,\boldsymbol{i} + \mathrm{d}y\,\boldsymbol{j} + \mathrm{d}z\,\boldsymbol{k}$ でする微小仕事である．$\mathrm{d}W$ の仕事をすれば，その分だけポテンシャルエネルギーが減る．

12-12. (a) 4116 J．$U = mgh$．ポテンシャルエネルギーは高さの差だけできまる．

(b) 11.7 m/s．力学的エネルギーは保存され．$mgh = \dfrac{1}{2}mv^2$ より，$v = \sqrt{2gh}$.

(c) -500 J．20 N の力が 25 m 作用している．摩擦力の仕事は常にマイナスである．

(d) 11.0 m/s．Q 点では $T = \dfrac{1}{2}mv^2 = 4116 - 500 = 3616$ J．これから v を求める．

12-13. (a) $\dfrac{3}{2}U$　(b) $\sqrt{\dfrac{3U}{m}}$　(c) $\ell\sqrt{\dfrac{m}{3U}}$　(d) $\left(2+\sqrt{3}\right)\ell\sqrt{\dfrac{m}{3U}}$

12-14. 2.4×10^8 m/s．地球での脱出速度と同じように計算すれば良い．ほとんど光速に近いことがわかるが，実際には一般相対性理論が必要．

12-15. 誤りである．運動エネルギーを無視している．そのためここで求めたのは，静止する点，即ち振動の端点である．もう一つの端点は，$y = 0$.

12-16. 高さ H まで上がるとする．$\dfrac{1}{2}mv_0{}^2 - G\dfrac{Mm}{R} = -G\dfrac{Mm}{R+H}$ $\Rightarrow$ $H = \dfrac{v_0{}^2 R^2}{2GM - v_0{}^2 R}$

C

12-17. 人工衛星の運動方程式 $m\dfrac{v^2}{r} = G\dfrac{Mm}{r^2}$ から，$v = \sqrt{\dfrac{GM}{r}}$ が得られ，力学的エネルギーは $E = \dfrac{1}{2}mv^2 - G\dfrac{Mm}{r} = -\dfrac{GMm}{2r}$ となる．従って，抵抗により力学的エネルギー E が失われると r が減少し，$v, \omega = \dfrac{v}{r}$ は，どちらも増加する．

12-18. (a) 重力のポテンシャルエネルギーが運動エネルギーと弾性力のポテンシャルエネルギーになるので，

$$K = mg(\ell + \Delta\ell) - \dfrac{1}{2}k(\Delta\ell)^2$$

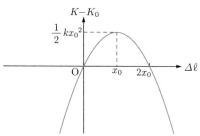

(b) $kx_0 = mg$ $\Rightarrow$ $x_0 = \dfrac{mg}{k}$

(c) $K_0 = mg\ell = kx_0\ell$

$$\Rightarrow\quad K - K_0 = kx_0\Delta\ell - \dfrac{1}{2}k(\Delta\ell)^2$$

(d) 最下点での速さを v とする．$m\dfrac{v^2}{\ell + \Delta\ell} = k\Delta\ell - mg = k\Delta\ell - kx_0$ $\Rightarrow$ $K - K_0$

$$= \frac{1}{2}mv^2 - K_0 = \frac{1}{2}(\ell + \Delta\ell)(k\Delta\ell - kx_0) - kx_0\ell = kx_0\Delta\ell - \frac{1}{2}k(\Delta\ell)^2$$

$\Delta\ell > 0$ の解を求めると，$\Delta\ell = \dfrac{-(\ell - 3x_0) + \sqrt{(\ell - 3x_0)^2 + 24x_0\ell}}{4}$

(e) $\Delta\ell - x_0 = \dfrac{-(\ell + x_0) + \sqrt{(\ell + x_0)^2 + 16x_0\ell + 8x_0{}^2}}{4} > 0$．軌道を上向きに曲げる ため上向きの力が必要．そのため，ばねはつり合いの状態より更に伸びる必要がある．

(f) $\dfrac{x_0}{\ell} = \varepsilon$ と置く．

$$\Delta\ell = \frac{\ell}{4}\left(-1 + 3\varepsilon + \sqrt{1 + 18\varepsilon + 9\varepsilon^2}\right) \fallingdotseq \frac{\ell}{4}\left\{-1 + 3\varepsilon + (1 + 9\varepsilon)\right\} = 3x_0$$

(c) より，$K - K_0 = -\dfrac{3}{2}kx_0{}^2$

12-19. (a) $0 - \dfrac{1}{2}mV_0{}^2 = -fd \quad \Rightarrow \quad f = \dfrac{mV_0{}^2}{2d}$

(b) $0 - \dfrac{1}{2}mV^2 = -fD = -\dfrac{mV_0{}^2}{2d}D \quad \Rightarrow \quad V = \sqrt{\dfrac{D}{d}}V_0$

(c) 弾丸がブロックの中で静止した後の速さを V_{T} とする．$mV_0 = (m + M)V_{\mathrm{T}} \Rightarrow$ $V_{\mathrm{T}} = \dfrac{m}{m + M}V_0$．一定の大きさの加速度 $\dfrac{f}{m}$ で減速する．その間の時間は $\dfrac{V_0 - V_{\mathrm{T}}}{\left(\frac{f}{m}\right)} =$

$\dfrac{2Md}{(m + M)V_0}$　入り込んだ深さを d' とする．弾丸に対して摩擦力 がした仕事の分だけ運動エネルギーが失われる．$\dfrac{1}{2}(m + M)V_{\mathrm{T}}{}^2 - \dfrac{1}{2}mV_0{}^2 = -fd'$

$\Rightarrow \quad d' = \dfrac{M}{m + M}d$

(d) (c) で $V_0 \to V, d' \to D$ とする．$\dfrac{1}{2}(m + M)\left(\dfrac{m}{m + M}V\right)^2 - \dfrac{1}{2}mV^2 = -fD$

$\Rightarrow \quad V = \sqrt{\dfrac{(m + M)D}{Md}}V_0$

(e) 弾丸とブロックからなる系に外力が働くので，運動方程式をもとに考える．弾丸と ブロックの座標をそれぞれ x, X とする．初期条件は，$x = X = 0\,\mathrm{m}$，$\dfrac{\mathrm{d}x}{\mathrm{d}t} = V_0$，

$\dfrac{\mathrm{d}X}{\mathrm{d}t} = 0\,\mathrm{m/s}$ である．運動方程式は，ブロックに作用する垂直抗力を N として，

$$m\frac{\mathrm{d}^2x}{\mathrm{d}t^2} = -f, \quad M\frac{\mathrm{d}^2X}{\mathrm{d}t^2} = f - \mu N, \quad N = (m + M)g$$

これを上記の初期条件の元で解くと，

$\dfrac{\mathrm{d}x}{\mathrm{d}t} = -\dfrac{f}{m}t + V_0, \quad \dfrac{\mathrm{d}X}{\mathrm{d}t} = \dfrac{f - \mu N}{M}t, \quad x = -\dfrac{f}{2m}t^2 + V_0 t, \quad X = \dfrac{f - \mu N}{2M}t^2.$

止まるまでの時間は $\dfrac{\mathrm{d}x}{\mathrm{d}t} = \dfrac{\mathrm{d}X}{\mathrm{d}t} \quad \Rightarrow \quad \left\{\left(\dfrac{1}{m} + \dfrac{1}{M}\right)f - \dfrac{\mu N}{M}\right\}t = V_0 \quad \Rightarrow$

$t = \dfrac{2MdV_0}{(m + M)(V_0{}^2 - 2\mu gd)}$．入り込んだ深さは $x - X$ となり，$x - X$

$= -\dfrac{1}{2}\left\{\left(\dfrac{1}{m} + \dfrac{1}{M}\right)f - \dfrac{\mu N}{M}\right\}t^2 + V_0 t = \dfrac{1}{2}V_0 t = \dfrac{MV_0{}^2}{(m + M)(V_0{}^2 - 2\mu gd)}d.$

(f) 弾丸の初速度を V として入り込む深さを求める．(e) の計算を繰り返し，

$\dfrac{MV^2}{(m + M)(V_0{}^2 - 2\mu gd)}d$ となる．これが D となればよいので，

$V = \sqrt{\dfrac{(m + M)D}{Md}(v_0{}^2 - 2\mu gd)}$．$v$–$t$ 図を使うと分かり易い．研究してみよ．

演習問題 13

A

13-1. (a) $9.8\,\mathrm{N}$ (b) $20\,\mathrm{N}$ **13-2.** $31°$ **13-3.** 0.50

13-4. (a) $5\dfrac{d^2x}{dt^2} = -1$ (b) $v = -\dfrac{1}{5}t + 2$ (c) $x = -\dfrac{1}{10}t^2 + 2t$ (d) $10\,\mathrm{s},\ 10\,\mathrm{m}$

13-5. (a) $0.15\,\mathrm{rad/s}$ (b) $2.9 \times 10^{-4}\,\mathrm{rad/s}$ $2\pi\,\mathrm{rad}$ を回るのに何秒かかるか.

    (c) $2.0 \times 10^{-7}\,\mathrm{rad/s}$ $2\pi\,\mathrm{rad}$ を回るのに何秒かかるか.

    (d) $4.4 \times 10^{16}\,\mathrm{rad/s}$ 回転数を rad に換算する.

13-6. (a) $250\,\mathrm{m/s},\ 1.25\,\mathrm{m/s^2}$ (b) $6.3\,\mathrm{m/s},\ 3.9\,\mathrm{m/s^2}$ (c) $4.6 \times 10^2\,\mathrm{m/s},\ 0.034\,\mathrm{m/s^2}$

13-7. (a) 周期は $2\,\mathrm{s}$.

    (b) $\boldsymbol{v} = -2\pi\sin\pi t\,\boldsymbol{i} + 2\pi\cos\pi t\,\boldsymbol{j},\ v = 2\pi\,\mathrm{m/s}$. 位置ベクトルを t で微分する.

    (c) $\boldsymbol{a} = -2\pi^2\cos\pi t\,\boldsymbol{i} + 2\pi^2\sin\pi t\,\boldsymbol{j},\ a = 2\pi^2\,\mathrm{m/s^2}$. 速度ベクトルを t で微分する.

    (d) $t = \dfrac{1}{2}\,\mathrm{s}$ を (b), (c) に代入してできるベクトルを描く.

    (e) 円を描く. 横軸を v_x, 縦軸を v_y とし, いろんな時刻の $\boldsymbol{v}$ の始点を原点に集める.

13-8. (a) (1) $-mg\sin\theta$ (2) $-\dfrac{mg}{L}x$ (3) 復元 (4) $2\pi\sqrt{\dfrac{L}{g}}$

13-9. $0.99\,\mathrm{m}$ **13-10.** (a) $2\pi\sqrt{\dfrac{L}{g}}$ (b) $2\pi\sqrt{\dfrac{6L}{g}}$

B

13-11. (a) $\dfrac{mg\sin\theta - \mu N}{m} = g(\sin\theta - \mu\cos\theta) = 9.8 \times \left(\dfrac{1}{\sqrt{2}} - 0.04 \times \dfrac{1}{\sqrt{2}}\right) \fallingdotseq 6.7\,\mathrm{m/s^2}$.

    (b) $v = \alpha t,\ x = \dfrac{1}{2}\alpha t^2$ より, $v = \sqrt{2\alpha x} \fallingdotseq 25\,\mathrm{m/s}$.

13-12. 最大摩擦力 $\mu_0 N = \mu_0 mg$ で加速. $m\dfrac{\mathrm{d}x^2}{\mathrm{d}t^2} = \mu_0 mg,\ \Rightarrow\ \dfrac{\mathrm{d}x}{\mathrm{d}t} = \mu_0 gt,\ x = \dfrac{1}{2}\mu_0 gt^2$.

    5 秒後 $\dfrac{\mathrm{d}x}{\mathrm{d}t} \fallingdotseq 39\,\mathrm{m/s}$ $x \fallingdotseq 98\,\mathrm{m}$. 動摩擦力 μmg で減速. 減速開始時の速さを v_0 とし,

    この時を時刻のゼロに取り直す. $m\dfrac{\mathrm{d}x^2}{\mathrm{d}t^2} = -\mu mg,\ \Rightarrow\ \dfrac{\mathrm{d}x}{\mathrm{d}t} = v_0 - \mu gt$,

    $x = v_0 t - \dfrac{1}{2}\mu gt^2$. 止まるまでの時間は $\dfrac{v_0}{\mu g} = \dfrac{\mu_0}{\mu} \times 5 = 8\,\mathrm{s}$. この間の走行距離は

    $v_0 \cdot \dfrac{v_0}{\mu g} - \dfrac{1}{2}\mu g\left(\dfrac{v_0}{\mu g}\right)^2 = \dfrac{v_0{}^2}{2\mu g} = \dfrac{\mu_0}{\mu} \times 98 \fallingdotseq 1.6 \times 10^2\,\mathrm{m}$

13-13.

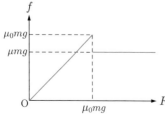

13-14. (a) 省略 (b) 重力：$F_x = mg\sin\alpha,\ F_y = -mg\cos\alpha$. 垂直抗力 N：未定

(c)　$m\dfrac{dv_x}{dt} = mg\sin\alpha$,　$v_x = \dfrac{dx}{dt}$.　$m\dfrac{dv_y}{dt} = -mg\cos\alpha + N$,　$v_y = \dfrac{dy}{dt}$.

(d)　$v_x = gt\sin\alpha$.　$x = \dfrac{1}{2}gt^2\sin\alpha$　(e)　$N = mg\cos\alpha$

13-15. (a)　省略　(b)　$m\dfrac{dv_x}{dt} = -N\sin\alpha$.　$m\dfrac{dv_y}{dt} = -mg + N\cos\alpha$　(c)　$y = (\tan\alpha)\,x$

(d)　$N = mg\cos\alpha$　(e)　$v_x = -(g\sin\alpha\cos\alpha)\,t$, $v_y = -(g\sin^2\alpha)\,t$

(f)　$v = \sqrt{(v_x)^2 + (v_y)^2} = (g\sin\alpha)\,t$

13-16. 運動方程式は，$m\dfrac{d^2x}{dt^2} = -mg\sin\alpha - f = -mg(\sin\alpha + \mu\cos\alpha)$.　これを積分して，

$\dfrac{dx}{dt} = v_0 - g(\sin\alpha + \mu\cos\alpha)t$, $x = v_0 t - \dfrac{1}{2}g(\sin\alpha + \mu\cos\alpha)t^2$.　スタートした後は一

定の加速度で減速し，$t = \dfrac{v_0}{g(\sin\alpha + \mu\cos\alpha)}$ に $x = \dfrac{{v_0}^2}{2g(\sin\alpha + \mu\cos\alpha)}$ の点まで来て

止まる．このとき，重力の斜面に沿った下向きの成分 $mg\sin\alpha$ が最大摩擦力 $\mu_0 mg\cos\alpha$
を越えなければ物体は静止したまま，大きければ下に向かって降下を始める．降下するた
めの条件を具体的に書くと，$\alpha > \varphi$ である．ここで，φ は摩擦角で，$\tan\varphi = \mu_0$ である．

13-17. 軽い棒は押し縮めようとすると反発力が発生する．そのため，$T \geqq 0$ の条件が不要とな
る．$v^2 \geqq 0$ となる条件は，$\dfrac{E}{mg\ell} \geqq 1 - \cos\theta$ なので，

$$\dfrac{E}{mg\ell} < 2 \text{ の場合は振動し，} 2 < \dfrac{E}{mg\ell} \text{ の場合は回転する}$$

（理論的には，$\dfrac{E}{mg\ell} = 2$ の場合は，最上部に達したところで止まる．）

13-18. (a)　力のつり合い．水平方向は $T_\alpha\cos\alpha = T_\beta\cos\beta$，鉛直方向は $T_\alpha\sin\alpha + T_\beta\sin\beta = mg$.

これを解いて，$T_\alpha = \dfrac{\cos\beta}{\sin(\alpha+\beta)}mg$,　$T_\beta = \dfrac{\cos\alpha}{\sin(\alpha+\beta)}mg$

(b)　糸を切った後は，円運動（単振り子）を行う．糸を切った直後は，速さがゼロだから，
中心向きの力もゼロで，$T_\alpha = mg\sin\alpha$.　これは糸を切る前の $\dfrac{\sin\alpha\sin(\alpha+\beta)}{\cos\beta}$ 倍

13-19. (a)　$mr\omega^2 = G\dfrac{Mm}{r^2}$.　(b)　$r = \sqrt[3]{\dfrac{GM}{\omega^2}} \fallingdotseq 1.7 \times 10^7$ m．運動方程式から決める．

(c)　半径 4.2×10^7 m で赤道上を回ることが必要である．

13-20.　$\omega = \sqrt{\dfrac{g\cos\theta}{\ell\sin^2\theta}}$　棒から働く垂直抗力が $\dfrac{mg}{\sin\theta}$ となる．

13-21. (a)　$T_1 = mg$, $T_2 = mg\tan\alpha$　(b)　$m(\ell\sin\alpha)\omega^2 = mg\tan\alpha$, $a = g\tan\alpha$.

(c)　$\omega = \sqrt{\dfrac{g}{\ell\cos\alpha}}$,　$v = (\ell\sin\alpha)\omega = \sqrt{\ell g\sin\alpha\tan\alpha}$,　$\tau = 2\pi\sqrt{\dfrac{\ell\cos\alpha}{g}}$.

13-22. (a)　$r(t) = \ell - at$. $0 \leqq t \leqq \dfrac{\ell}{a}$.

(b)　r 成分：$-m(\ell - at)\omega^2 = -T$, θ 成分：$m\left[-2a\omega + (\ell - at)\dfrac{d\omega}{dt}\right] = 0$.

(c)　$\omega = \left(\dfrac{\ell}{\ell - at}\right)^2\omega_0$　(d)　ω も v も発散する．　(e)　$T = \dfrac{m\ell^4}{(\ell - at)^3}{\omega_0}^2$

(f)　$W = \dfrac{m\ell^4{\omega_0}^2}{2}\left(\dfrac{1}{r^2} - \dfrac{1}{\ell^2}\right)$ となり，糸の長さを 0 にするには，無限の仕事が必要

13-23. (a) $v = \sqrt{v_0^2 - 2gr(1 + \cos\theta)}$. ポテンシャルエネルギーを正確に求めよう.

(b) $N = \dfrac{mv_0^2}{r} - mg(2 + 3\cos\theta)$. 運動方程式の r 成分を用いる.

(c) $v_0 \geqq \sqrt{5gr}$. 考えるべき条件は, 点 B において, $v \geqq 0$, $N \geqq 0$ である.

C

13-24. (a) 斜面に平行な成分：$M_{\mathrm{A}}g\sin\theta = f_{\mathrm{A}} + F$, $M_{\mathrm{B}}g\sin\theta + F = f_{\mathrm{B}}$

斜面に垂直な成分：$M_{\mathrm{A}}g\cos\theta = N_{\mathrm{A}}$, $M_{\mathrm{B}}g\cos\theta = N_{\mathrm{B}}$

(b) $N_{\mathrm{A}} = M_{\mathrm{A}}g\cos\theta$, $N_{\mathrm{B}} = M_{\mathrm{B}}g\cos\theta$, $f_{\mathrm{A}} = M_{\mathrm{A}}g\sin\theta - F$, $f_{\mathrm{B}} = M_{\mathrm{B}}g\sin\theta + F$

$f_{\mathrm{A}} \leqq \mu_{\mathrm{A}}N_{\mathrm{A}} \quad\Rightarrow\quad M_{\mathrm{A}}g\sin\theta - F \leqq \mu_{\mathrm{A}}M_{\mathrm{A}}g\cos\theta$

$f_{\mathrm{B}} \leqq \mu_{\mathrm{B}}N_{\mathrm{B}} \quad\Rightarrow\quad M_{\mathrm{B}}g\sin\theta + F \leqq \mu_{\mathrm{B}}M_{\mathrm{B}}g\cos\theta$

(c) $M_{\mathrm{A}}g\sin\theta - \mu_{\mathrm{A}}M_{\mathrm{A}}g\cos\theta \leqq F \leqq \mu_{\mathrm{B}}M_{\mathrm{B}}g\cos\theta - M_{\mathrm{B}}g\sin\theta$

$\Rightarrow \quad (M_{\mathrm{A}} + M_{\mathrm{B}})\sin\theta \leqq (\mu_{\mathrm{A}}M_{\mathrm{A}} + \mu_{\mathrm{B}}M_{\mathrm{B}})\cos\theta \quad\Rightarrow\quad \tan\alpha \leqq \dfrac{\mu_{\mathrm{A}}M_{\mathrm{A}} + \mu_{\mathrm{B}}M_{\mathrm{B}}}{M_{\mathrm{A}} + M_{\mathrm{B}}}$

(d) AB 間に作用する力を F. 共通の加速度を α として運動方程式を書くと,

$$M_{\mathrm{A}}\alpha = M_{\mathrm{A}}g\sin\theta - \mu'_{\mathrm{A}}M_{\mathrm{A}}g\cos\theta - F, \quad M_{\mathrm{B}}\alpha = M_{\mathrm{B}}g\sin\theta - \mu'_{\mathrm{B}}M_{\mathrm{B}}g\cos\theta + F$$

$$\Rightarrow F = \dfrac{M_{\mathrm{A}}M_{\mathrm{B}}}{M_{\mathrm{A}} + M_{\mathrm{B}}}g\cos\theta(\mu'_{\mathrm{B}} - \mu'_{\mathrm{A}}) \quad \alpha = g\left(\sin\theta - \dfrac{\mu'_{\mathrm{A}}M_{\mathrm{A}} + \mu'_{\mathrm{B}}M_{\mathrm{B}}}{M_{\mathrm{A}} + M_{\mathrm{B}}}\cos\theta\right)$$

(e) $F > 0$ であることが必要. $\mu'_{\mathrm{B}} - \mu'_{\mathrm{A}} > 0$

13-25. 鉛直上向きに x 軸をとり, ばねが自然長のときの小球の位置を原点とする. 小球の運動方程式は, $m\dfrac{\mathrm{d}^2 x}{\mathrm{d}t^2} = -kx - mg = -k\left(x + \dfrac{mg}{k}\right)$. 一般解は, $\omega = \sqrt{\dfrac{k}{m}}$ とおき, A, B を任意の定数として, $x = A\cos\omega t + B\sin\omega t - \dfrac{mg}{k}$. つり合いの位置は $x = -\dfrac{mg}{k}$. つり合いの位置から a だけ押し下げて離すという初期条件の下では, $x = -a\cos\omega t - \dfrac{mg}{k}$. 一方, 台に働く力のつり合いは, 上向きに作用する垂直抗力を N として, $N + kx = Mg$. N が負になることはないので, 飛び上がるのは N がゼロになる瞬間である. N が最小になるのは x が最大値 $a - \dfrac{mg}{k}$ となるとき. よって, 台が飛び上がる条件は, $a > \dfrac{(M + m)g}{k}$.

13-26. 力学的エネルギー保存則により,

$$\dfrac{1}{2}mv_{\max}^2 = \dfrac{1}{2}mv^2 + mg\ell(1 - \cos\theta) = \dfrac{1}{2}mv_{\min}^2 + 2mg\ell \quad\Rightarrow$$

$$v_{\max}^2 = v^2 + 2g\ell(1 - \cos\theta) = v^2 + 4g\ell\sin^2\dfrac{\theta}{2}$$

$$v_{\min}^2 = v^2 - 2g\ell(1 + \cos\theta) = v^2 - 4g\ell\cos^2\dfrac{\theta}{2}$$

従って, $\sqrt{v_{\max}^2\cos^2\dfrac{\theta}{2} + v_{\min}^2\sin^2\dfrac{\theta}{2}} = \sqrt{v^2\left(\cos^2\dfrac{\theta}{2} + \sin^2\dfrac{\theta}{2}\right)} = v$

13-27. (a) 鉛直方向, 水平方向の力のつり合いから, $N = F\cos\theta + Mg$, $f = F\sin\theta$. 静止摩擦力は最大摩擦力を越えられないので, $f \leqq \mu_0 N \quad\Rightarrow\quad F(\sin\theta - \mu_0\cos\theta) \leqq \mu_0 Mg$. $\sin\theta - \mu_0\cos\theta \leqq 0$ のときには, この不等式は常に成り立つ. $\tan\theta_0 = \mu_0$.

(b) $\theta_0 < \theta$ のときには $\sin\theta - \mu_0\cos\theta > 0$ となる. このとき, 静止するための条件は $F \leqq \dfrac{\mu_0 Mg}{\sin\theta - \mu_0\cos\theta}$. この右辺が F_0 である.

(c)　$\sin\theta - \mu_0\cos\theta = \sin\theta - \tan\theta_0\cos\theta = \dfrac{\sin(\theta - \theta_0)}{\cos\theta_0} = \sqrt{1 + \tan^2\theta_0}\,\sin(\theta - \theta_0)$

　　F_0 が最小になるのは $\sin(\theta - \theta_0) = 1$, つまり, $\theta = \theta_0 + \dfrac{\pi}{2}$ のときで, $\dfrac{\mu_0 Mg}{\sqrt{1 + \mu_0{}^2}}$.

(d)　最大摩擦力が小さい方が押し負けて滑り出す. 最大摩擦力を大きくするためには, 垂直抗力を大きくすれば良い. 相手の懐に入り込んで斜め上に押し上げる. そうすることで, 相手の垂直抗力が減り, その反作用で自分の垂直抗力が増える. 定量的な考察は, 各自研究してみよ.

13-28.　溝を正面から見上げた図. 物体は手前に向かって滑ってくる. 紙面上下方向の力のつり合いより, $2N\sin\theta = mg\cos\alpha$. $\Rightarrow N = \dfrac{mg\cos\alpha}{2\sin\theta}$. 溝の両側面から摩擦力が紙面の表から裏に向けて働き, 重力の溝に平行な成分が紙面裏から表に向けて働く. 物体の進む向きに x 軸を設けると, 運動方程式は
$m\dfrac{\mathrm{d}^2 x}{\mathrm{d}t^2} = mg\sin\alpha - 2\mu N = mg\sin\alpha - 2\mu\dfrac{mg\cos\alpha}{2\sin\theta}$.
よって, $\dfrac{\mathrm{d}^2 x}{\mathrm{d}t^2} = \left(\sin\alpha - \mu\dfrac{\cos\alpha}{\sin\theta}\right)g$

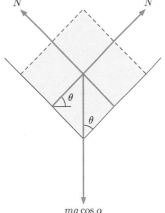

13-29. (a)　*13-21.* より, $T = \dfrac{mg}{\cos\alpha}$, $m\dfrac{v^2}{\ell\sin\alpha} = T\sin\alpha$. α を消去して

　　$\cos^2\alpha + \sin^2\alpha = \left(\dfrac{mg}{T}\right)^2 + \dfrac{mv^2}{T\ell} = 1$　$\Rightarrow$　$v = \sqrt{\dfrac{\ell}{m}T_{\max} - \dfrac{mg^2\ell}{T_{\max}}}$

(b)　v が最大となるのは最下点. この点での運動方程式 (中心向き) は $m\dfrac{v^2}{\ell} = T - mg$　$\Rightarrow$
$v = \sqrt{\dfrac{\ell}{m}T_{\max} - g\ell}$

13-30.　以下では, 小球に作用する重力は輪が置かれた台からの抗力で支えられており, 小球の運動に影響しないとする. 輪が中空に置かれている場合は, 重力を打ち消す抗力も輪から作用することになるので, 動摩擦力は $\mu\sqrt{N^2 + (mg)^2}$ となる.

(a)　中心向き：$m\dfrac{v^2}{\ell} = N$,　接線向き：$m\dfrac{\mathrm{d}v}{\mathrm{d}t} = -\mu N$

(b)　$\dfrac{\mathrm{d}v}{\mathrm{d}t} = -\dfrac{\mu}{\ell}v^2$　$\Rightarrow$　$\dfrac{\mathrm{d}v}{v^2} = -\dfrac{\mu}{\ell}\mathrm{d}t$　$\Rightarrow$　$-\dfrac{1}{v} = -\dfrac{\mu}{\ell}t + C$　$\Rightarrow$　$t = 0$ のとき $v = v_0$ となることから $C = -\dfrac{1}{v_0}$　$\Rightarrow$　$v = \dfrac{v_0}{1 + \frac{\mu v_0}{\ell}t}$

(c)　$N = \dfrac{mv_0{}^2}{\ell\left(1 + \frac{\mu v_0}{\ell}t\right)^2}$　　(d)　$s = \displaystyle\int_0^t v\,\mathrm{d}t = \dfrac{\ell}{\mu}\ln\left(1 + \dfrac{\mu v_0}{\ell}t\right)$

13-31.　図より, おもりに作用する復元力は, $mg\sin\theta \fallingdotseq mg\tan\theta = mg\dfrac{x}{R}$. 運動方程式は $m\dfrac{\mathrm{d}^2 x}{\mathrm{d}t^2} = -mg\dfrac{x}{R}$ となり, 角振動数 $\omega = \sqrt{\dfrac{g}{R}}$ の単振動となる. 周期は $2\pi\sqrt{\dfrac{R}{g}} \fallingdotseq 84$ 分.

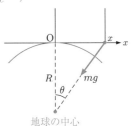

地球の中心

13-32. (a) 図のように，質点を直線上に拘束する力 F と点 O から働く力 ks の合力が，点 O から直線に下ろした垂線の足 H へ向かう力 $ks\cos\theta = kx$ となる．これは距離に比例した復元力で，$\omega = \sqrt{\dfrac{k}{m}}$ の単振動を行う．

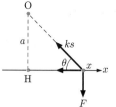

(b) $F = ks\sin\theta = ka$ より，大きさ ka で，図の下向き．

13-33. (a) $\dfrac{\partial U}{\partial r} = 2k\dfrac{\sin\theta}{r^3}$，$-\dfrac{1}{r}\dfrac{\partial U}{\partial\theta} = k\dfrac{\cos\theta}{r^3}$．従って，運動方程式は，

中心向き：$m\dfrac{v^2}{a} = N + 2k\dfrac{\sin\theta}{a^3}$　　接線向き：$m\dfrac{\mathrm{d}v}{\mathrm{d}t} = k\dfrac{\cos\theta}{a^3}$

(b) 初期条件から $K + U = 0$．よって，$\dfrac{1}{2}mv^2 - k\dfrac{\sin\theta}{a^2} = 0 \;\Rightarrow\; v = \sqrt{\dfrac{2k\sin\theta}{ma^2}}$

(c) $N = 0$

(d) $\theta = \dfrac{\pi}{2}$ まで加速，その後減速して $\theta = \pi$ で止まる．ここで $\dfrac{\mathrm{d}v}{\mathrm{d}\theta} < 0$ なので質点は元来た方へ引き返し，出発点まで戻って止まる．以後この運動を繰り返す．

(e) $N = 0$ だから，拘束をなくしても同じ運動をする．

　参考　原点に電気双極子を置き，充分遠方で質点の運動を考察する場合に相当する．

演習問題 14

A

14-1. (a) $2\,\mathrm{kg\cdot m/s}$　(b) $2\,\mathrm{N\cdot s}$　(c) $4\,\mathrm{kg\cdot m/s}$, $40\,\mathrm{m/s}$　(d) $2\,\mathrm{kg\cdot m/s}$, $5\,\mathrm{N}$

14-2. (a) $12\,\mathrm{kg\cdot m/s}$, $2.4\,\mathrm{m/s}$　(b) $3.2\,\mathrm{m/s}$　(c) $3.5\,\mathrm{m/s}$

14-3. (a) $3.0\,\mathrm{N\cdot s}$, 西向き　(b) $15\,\mathrm{N}$　(c) $1.7\,\mathrm{N\cdot s}$, 北西向き

14-4. (a) 0.8　(b) 0.5　　　**14-5.** $0.72801 < e < 0.76158$

14-6. (a) $0.80 \times 6.0 + 1.2 \times (-3.0) = 0.80v_\mathrm{A} + 1.2v_\mathrm{B}$　(b) $\dfrac{v_\mathrm{A} - v_\mathrm{B}}{6.0 - (-3.0)} = -0.50$

(c) $v_\mathrm{A} = -2.1\,\mathrm{m/s}$, $v_\mathrm{B} = 2.4\,\mathrm{m/s}$

14-7. $-3.5\,\mathrm{m/s}$, $4\,\mathrm{m/s}$

B

14-8. $0 < t < T$ のとき，$F(t) = F_0 - \dfrac{F_0}{T}t$ となり，$mv(t) - 0 = \displaystyle\int_0^t F(t)\mathrm{d}t$, $x(t) = \displaystyle\int_0^t v(t)\mathrm{d}t$

$\Rightarrow\; v(t) = \left(t - \dfrac{t^2}{2T}\right)\dfrac{F_0}{m}$, $x(t) = \left(t^2 - \dfrac{t^3}{3T}\right)\dfrac{F_0}{2m}$．$T < t$ のときは，$F(t) = 0$ となるので等速直線運動．$v(t) = \dfrac{F_0 T}{2m}$, $x(t) = \left(t - \dfrac{T}{3}\right)\dfrac{F_0 T}{2m}$．

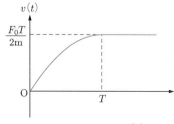
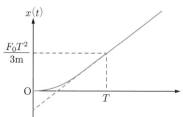

14-9. (a) $\dfrac{mv}{m+M}$　(b) $\dfrac{mMv}{m+M}$　(c) $\dfrac{mMv}{(m+M)F}$　(d) $\dfrac{mMv^2}{2(m+M)F}$　　弾丸と材木の

加速度はそれぞれ $-F/m$, F/M である.

14-10. (a) $mv = (m + M)V$　　(b) $\frac{1}{2}(m + M)V^2 = (m + M)gh$

　　　(c) 5.9×10^2 m/s　運動量保存則とエネルギー保存則を使う

　　　(d) $K = 1.7 \times 10^3$ J, $E = 3.4$ J　「消えた」エネルギーはどこにいったか考えよう.

14-11. (a) $V = \dfrac{mv}{M + m}$　　運動量保存則を用いる

　　　(b) $\dfrac{Mv}{\mu(M + m)g}$　　運動量と力積の関係を用いる

　　　(c) $\dfrac{Mmv^2}{2(M + m)}$　　(d) $\dfrac{Mv^2}{2\mu(M + m)g}$　　エネルギーと仕事の関係を用いる

14-12. (a) 4.5×10^5 m, 6.0×10^{24} kg　　(b) 4.6×10^6 m, 7.2×10^{22} kg

　　　(c) 2.8×10^{-14} m, 9.1×10^{-31} kg

14-13. 2つの気体分子の質量は等しいとするので, 速さの比だけで考えることができる.

　　　(a) 衝突前の速度を $3, -1$ とし, 衝突後の速度を u, v とする. 運動量保存則は $u+v = 2$, エネルギー保存則は $u^2 + v^2 = 10$ である. この連立方程式の解は $u = -1$, $v = 3$ となる. 正面衝突では速度が交換される.

　　　(b) xy 平面上で衝突前の速度を $(3,0)$ および $(0,1)$ とし, 衝突後の速度を (u_x, u_y) および (v_x, v_y) とする. 運動量保存則は $u_x + v_x = 3$, $u_y + v_y = 1$, エネルギー保存則は $u_x^2 + v_x^2 + u_y^2 + v_y^2 = 10$ である. エネルギーは等しいとの指定より, $u_x^2 + u_y^2 = 5$, $v_x^2 + v_y^2 = 5$ とわけて, 連立方程式を解くと, $(u_x, u_y) = (1, 2)$ および $(v_x, v_y) = (2, -1)$ を得る.

　　　(c) 上の (1) では分子のエネルギーが交換されているが, どちらか一方が「熱い」ままであることに変わりはない. これに対し, (2) では2つのエネルギーが等しくなる場合を計算したことになる. (1) は滅多に起こらず, (2) に近いことは頻繁におこると推定できよう. このことは統計力学でエネルギー等分配則という形で定式化される.

14-14. 運動量保存則より,
$$mv = m\frac{v}{2}\frac{1}{\sqrt{2}} + 2mV\cos\theta,$$
$$0 = m\frac{v}{2}\frac{1}{\sqrt{2}} - 2mV\sin\theta　\Rightarrow$$
$$V\cos\theta = \frac{1}{2}\left(1 - \frac{1}{2\sqrt{2}}\right)v, \ V\sin\theta = \frac{1}{4\sqrt{2}}v.$$
$$V = \sqrt{(V\cos\theta)^2 + (V\sin\theta)^2} = \frac{\sqrt{5 - 2\sqrt{2}}}{4}v$$
$$\tan\theta = \frac{V\sin\theta}{V\cos\theta} = \frac{2\sqrt{2}+1}{7} \ (\theta \fallingdotseq 29^o)$$

14-15. (a) A の 1/10 の速さで x 軸の正の方向から飛来し, 同じ速さで y 軸の負の方向に飛び去る.

　　　(b) 重心系での, 衝突後の A の速度を $(0, 10)$ とすると, B の速度は $(0, -1)$ となる. 実験室系では, 重心が速度 $(1, 0)$ を持つ. この速度を重心系の速度に加えると, 実験室系での速度となる. A は速度 $(1, 10)$, B は速度 $(1, -1)$ の方向に飛び去る.

C

14-16. 質点 A,B が衝突する地点の床からの高さを x とする。A,B は同じ速さ v で衝突する。力学的エネルギー保存の法則により $v = \sqrt{2g(h-x)}$。衝突直後の A,B の速度を，上向きを正として $v_{\mathrm{A}}, v_{\mathrm{B}}$ とする。運動量保存の法則と弾性衝突の式（反発係数 $e = 1$）より，$v_{\mathrm{A}} = 2v$, $v_{\mathrm{B}} = 0$ となる。このことから，衝突後に質点 A が達する床からの高さを H とすると，$\dfrac{1}{2} M v_{\mathrm{A}}{}^2 + Mgx = MgH$ $\Rightarrow$ $H = 4h - 3x$. $0 \le x \le h$ より $h \le H \le 4h$.

14-17. 衝突後の P,Q の速度を右向き正として v', u とする。運動量は保存し，$e = 1$ だから，
$$mv = mv' + 4mu \qquad u - v' = v \qquad \Rightarrow \qquad v' = -\frac{3}{5}v, u = \frac{2}{5}v$$

衝突後の P の力学的エネルギーが保存することから，$mgR = \dfrac{1}{2}mv'^2 = \dfrac{1}{2}m\left(-\dfrac{3}{5}v\right)^2$

$\Rightarrow$ $\quad v^2 = \dfrac{50gR}{9}$. よって，衝突後の Q の力学的エネルギーが保存することから，

$$4mgR(1 - \cos\theta) = \frac{1}{2}4mu^2 = \frac{1}{2}4m\left(\frac{2}{5}v\right)^2 \quad \Rightarrow \quad \cos\theta = \frac{5}{9} \quad (\theta \fallingdotseq 56.3°)$$

14-18. (a) $\quad \dfrac{\mathrm{d}}{\mathrm{d}t}(\rho x v) = F - \rho x g$

(b) $\quad \dfrac{1}{x}\dfrac{\mathrm{d}}{\mathrm{d}x}\left(\dfrac{\rho x^2 v^2}{2}\right) = \dfrac{1}{x}\left(\dfrac{\rho(2x)v^2}{2} + \dfrac{\rho x^2 (2v)}{2}\dfrac{\mathrm{d}v}{\mathrm{d}x}\right) = \rho v^2 + \rho x v \dfrac{\mathrm{d}v}{\mathrm{d}x}$. 一方，

$\quad \dfrac{\mathrm{d}}{\mathrm{d}t}(\rho x v) = \rho \dfrac{\mathrm{d}x}{\mathrm{d}t}v + \rho x \dfrac{\mathrm{d}v}{\mathrm{d}t} = \rho v^2 + \rho x v \dfrac{\mathrm{d}v}{\mathrm{d}x}$. $\quad \left(\Leftarrow \quad \dfrac{\mathrm{d}v}{\mathrm{d}t} = \dfrac{\mathrm{d}v}{\mathrm{d}x}\dfrac{\mathrm{d}x}{\mathrm{d}t} = \dfrac{\mathrm{d}v}{\mathrm{d}x}v\right)$

(c) (b) の結果を (a) に代入して，$\dfrac{1}{x}\dfrac{\mathrm{d}}{\mathrm{d}x}\left(\dfrac{\rho x^2 v^2}{2}\right) = F - \rho g x$. この式を x で積分し，$t = 0\,\mathrm{s}$ のときに $x = x_0\,\mathrm{(m)}$, $v = 0\,\mathrm{m/s}$ となるように積分定数を決めると，

$$v = \sqrt{\frac{F}{\rho}\left(\frac{x^2 - x_0{}^2}{x^2}\right) - \frac{2g}{3}\left(\frac{x^3 - x_0{}^3}{x^3}\right)}$$

<hr>

演習問題 15

<hr>

A

15-1. 0, k, $-j$, $-k$, 0, i, j, $-i$, 0

15-2. (a) $\quad -6i - 20j + 18k$

(b) $\quad 6i + 20j - 18k$. (a) と $\boldsymbol{A}$ と $\boldsymbol{B}$ が逆になっているから，答えの符号が逆になる。

(c) $\quad 0$. $\boldsymbol{A}$ と $\boldsymbol{B}$ が平行になっている。

15-3. (a) $\quad \boldsymbol{r} \times \dfrac{\mathrm{d}\boldsymbol{r}}{\mathrm{d}t} = \left(x\dfrac{\mathrm{d}y}{\mathrm{d}t} - y\dfrac{\mathrm{d}x}{\mathrm{d}t}\right)k$

(b) $\quad \dfrac{\mathrm{d}}{\mathrm{d}t}\left(\boldsymbol{r} \times \dfrac{\mathrm{d}\boldsymbol{r}}{\mathrm{d}t}\right) = \dfrac{\mathrm{d}}{\mathrm{d}t}\left(x\dfrac{\mathrm{d}y}{\mathrm{d}t} - y\dfrac{\mathrm{d}x}{\mathrm{d}t}\right)\boldsymbol{k} = \left(x\dfrac{\mathrm{d}^2 y}{\mathrm{d}t^2} - y\dfrac{\mathrm{d}^2 x}{\mathrm{d}t^2}\right)\boldsymbol{k} = r \times \dfrac{\mathrm{d}^2 r}{\mathrm{d}t^2}$

15-4. (a) $\quad \boldsymbol{r} \times \boldsymbol{F} = 6k\,\mathrm{(N \cdot m)}$. $\boldsymbol{i} \times \boldsymbol{j} = \boldsymbol{k}$ の定義によることを確認すること。

(b) $\quad \boldsymbol{r} \times \boldsymbol{F} = -6k\,\mathrm{(N \cdot m)}$. 定義 $\boldsymbol{i} \times \boldsymbol{i} = 0$ により力の $\boldsymbol{i}$ 成分は無効になる。

(c) $\quad \boldsymbol{r} \times m\dfrac{\mathrm{d}\boldsymbol{r}}{\mathrm{d}t} = mR^2\omega k$. z 軸の正の方向を向く。

(d)　$\boldsymbol{r} \times m\dfrac{\mathrm{d}\boldsymbol{r}}{\mathrm{d}t} = -mR^2\omega\boldsymbol{k}$.　z 軸の負の方向を向く.

15-5. (a)　$U = -\dfrac{GMm}{2R}$.　$U = -\dfrac{GMm}{r}$ で, $r = 2R$

(b)　$v = \sqrt{\dfrac{GM}{2R}}, T = \dfrac{GMm}{4R}, T + U = -\dfrac{GMm}{4R}$. 運動方程式 $m\dfrac{v^2}{r} = \dfrac{GMm}{r^2}$ よ

り, $v = \sqrt{\dfrac{GM}{r}}, T = \dfrac{1}{2}mv^2 = \dfrac{GMm}{2r}, T + U = -\dfrac{GMm}{2r}, r = 2R$

(c)　円軌道なので, 力は変位に常に垂直であり, 重力は仕事をしない.

(d)　$L = mr^2\omega$. 運動方程式より $\omega = \sqrt{\dfrac{GM}{r^3}}$.　$\therefore L = m\sqrt{2GMR}, (r = 2R)$

15-6. (a)　$\dfrac{v_0}{r_0}$　(b)　mr_0v_0　(c)　$\dfrac{v_0 r_0}{r_1}$　(d)　$\left(\dfrac{r_0}{r_1}\right)^2$ 倍　(e)　$\dfrac{L_0}{2m}\left(\dfrac{1}{r_1{}^2} - \dfrac{1}{r_0{}^2}\right)$

(f)　$\dfrac{L_0}{2m}\left(\dfrac{1}{r_1^2} - \dfrac{1}{r_0^2}\right)$. (e) と等しい

15-7. (a)　運動方程式 $\dfrac{\mathrm{d}\boldsymbol{p}}{\mathrm{d}t} = \boldsymbol{F}$ に左から $\boldsymbol{r}$ と外積をとると $\boldsymbol{r} \times \dfrac{\mathrm{d}\boldsymbol{p}}{\mathrm{d}t} = \boldsymbol{r} \times \boldsymbol{F}$ となる. 左辺は

$\dfrac{\mathrm{d}\boldsymbol{L}}{\mathrm{d}t}$ であり, 右辺は $\boldsymbol{r}$ と $\boldsymbol{F}$ が平行なのでゼロとなる. したがって, $\boldsymbol{L}$ は一定である.

(b)　$\boldsymbol{L}$ は $\boldsymbol{r}$ と $\boldsymbol{p}$ の両方に垂直である. $\boldsymbol{L}$ が一定なら $\boldsymbol{r}$ と $\boldsymbol{p}$ は常にもとの平面にある.

B

15-8. (a)　$\dfrac{2}{5}\pi$ rad/s　(b)　4π rad/s　(c)　$3a\cos at$ 〔rad/s〕　(d)　20 rad/s

15-9. (a)　$3\boldsymbol{k}$ rad/s　(b)　$\dfrac{3}{25}(4\boldsymbol{i} - 3\boldsymbol{j} - 2\boldsymbol{k})$ rad/s

(c)　$\dfrac{1}{1+t^2}\{(\sin t - t\cos t)\boldsymbol{i} - (\cos t + t\sin t)\boldsymbol{j} + \boldsymbol{k})\}$ rad/s

15-10. (a)　$\boldsymbol{r} = v_0 t\,\boldsymbol{i} - \dfrac{1}{2}gt^2\,\boldsymbol{j}$　(b)　$\boldsymbol{v} = v_0\,\boldsymbol{i} - gt\,\boldsymbol{j}$　(c)　$-\dfrac{1}{2}mv_0 gt^2\,\boldsymbol{k}$

15-11. (a)　$m\ell^2\left|\dfrac{\mathrm{d}\theta}{\mathrm{d}t}\right|$　(b)　$\dfrac{\mathrm{d}}{\mathrm{d}t}\left(m\ell^2\dfrac{\mathrm{d}\theta}{\mathrm{d}t}\right) = -mg\ell\sin\theta$　$\Rightarrow$　$\dfrac{\mathrm{d}^2\theta}{\mathrm{d}t^2} = -\dfrac{g}{\ell}\sin\theta$

15-12. (a)　$\dfrac{\mathrm{d}x}{\mathrm{d}t} = \dfrac{\mathrm{d}r}{\mathrm{d}t}\cos\theta - r\dfrac{\mathrm{d}\theta}{\mathrm{d}t}\sin\theta, \dfrac{\mathrm{d}y}{\mathrm{d}t} = \dfrac{\mathrm{d}r}{\mathrm{d}t}\sin\theta + r\dfrac{\mathrm{d}\theta}{\mathrm{d}t}\cos\theta$

(b)　$L = m\left(x\dfrac{\mathrm{d}y}{\mathrm{d}t} - y\dfrac{\mathrm{d}x}{\mathrm{d}t}\right) = mr^2\dfrac{\mathrm{d}\theta}{\mathrm{d}t}$

(c)　$r\dfrac{\mathrm{d}\theta}{\mathrm{d}t}$ は質点の θ 方向 (θ が増える方向) の速度成分である. したがって, $r^2\dfrac{\mathrm{d}\theta}{\mathrm{d}t}$ は質点の位置ベクトル $\boldsymbol{r}$ が単位時間当りに掃く面積の 2 倍になる.

15-13. (a)　糸がピンと伸びた直後の速さを v' とする. 糸から粒子にはたらく力は, 点 O を向く中心力だから角運動量が保存する. 即ち, $mvh = mv'\ell$. 従って,

$\dfrac{K_f}{K_i} = \dfrac{\frac{1}{2}mv'^2}{\frac{1}{2}mv^2} = \left(\dfrac{h}{\ell}\right)^2$.　(b)　糸の張力が粒子に対して負の仕事をしたから.

15-14. (a)　$mr\omega^2 = \dfrac{k}{r^2}$　(b)　$mr^2\omega = h$

(c)　$r = \dfrac{\hbar^2}{mk}, \omega = \dfrac{mk^2}{\hbar^3}$. 数値を代入して, $r = 5.28\times10^{-11}$ m, $\omega = 4.13\times10^{16}$ rad/s (d)　$U = -\dfrac{k}{r} = -4.34 \times 10^{-18}$ J,　$T = \dfrac{1}{2}mv^2 = \dfrac{k}{2r} = 2.17 \times 10^{-18}$ J,

$T + U = -\dfrac{k}{2r} = -2.17 \times 10^{-18}$ J.　(e)　13.6 eV

15-15.　(a)　地球と太陽の距離（1 億 5 千万 km）を L とする。地球と

月の距離（38 万 km）は $\dfrac{L}{400}$ になる。太陽のまわりの地

球の角速度を ω とすると，地球のまわりの月の角速度はお

よそ 12ω である。太陽を原点として 2 次元デカルト座標系

をとる。地球はこの面上で半径 L の円運動し，月もこの面

上で，円運動をするとすれば，その座標は

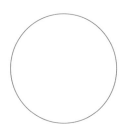

$x = L\cos\omega t + \dfrac{L}{400}\cos 12\omega t,\ y = L\cos\omega t + \dfrac{L}{400}\sin 12\omega t,$

と表すことができる。第 2 項は非常に小さく，軌道はほぼ円に見える。

(b)　太陽を原点とし，地球と月の位置ベクトルを $\boldsymbol{r}_\oplus, \boldsymbol{r}_m$，速度ベクトルを $\boldsymbol{v}_\oplus, \boldsymbol{v}_m$ とす

る。万有引力の下での運動であるから，太陽のまわりの角運動量

$$\boldsymbol{L} = M_\oplus \boldsymbol{r}_\oplus \times \boldsymbol{v}_\oplus + M_m \boldsymbol{r}_m \times \boldsymbol{v}_m$$

は保存する。ここで，地球と月の重心座標 $\boldsymbol{r}_G = \dfrac{M_\oplus \boldsymbol{r}_\oplus + M_m \boldsymbol{r}_m}{M_\oplus + M_m}$ と，地球から見

た月の相対座標 $\boldsymbol{r} = \boldsymbol{r}_m - \boldsymbol{r}_\oplus$ を用いて $\boldsymbol{L}$ の右辺を書き換える。

$$\boldsymbol{r}_\oplus = \boldsymbol{r}_G - \frac{M_m}{M_\oplus + M_m}\boldsymbol{r}, \quad \boldsymbol{r}_m = \boldsymbol{r}_G + \frac{M_\oplus}{M_\oplus + M_m}\boldsymbol{r}$$

$$\boldsymbol{v}_\oplus = \boldsymbol{v}_G - \frac{M_m}{M_\oplus + M_m}\boldsymbol{v}, \quad \boldsymbol{v}_m = \boldsymbol{v}_G + \frac{M_\oplus}{M_\oplus + M_m}\boldsymbol{v}$$

と書き直して $\boldsymbol{L}$ の右辺に代入・整理すると，

$$\boldsymbol{L} = (M_\oplus + M_m)\boldsymbol{r}_G \times \boldsymbol{v}_G + \frac{M_\oplus M_m}{M_\oplus + M_m}\boldsymbol{r} \times \boldsymbol{v} \qquad ①$$

となる。太陽のまわりの地球の回転の向きと，地球のまわりの月の回転の向きは同

じなので，$\boldsymbol{r}_G \times \boldsymbol{v}_G$ と $\boldsymbol{r} \times \boldsymbol{v}$ は同じ向きを向き，$|\boldsymbol{r}_G \times \boldsymbol{v}_G| = H$，$|\boldsymbol{r} \times \boldsymbol{v}| = h$ とな

る。よって

$$|\boldsymbol{L}| = (M_\oplus + M_m)H + \frac{M_\oplus M_m}{M_\oplus + M_m}h = 一定$$

参考　式 ① は，地球と月からなる二体系の太陽のまわりの角運動量を，重心の角運

動量と重心まわりの角運動量の和に分解できること，重心まわりの角運動量を，換

算質量 $\dfrac{M_\oplus M_m}{M_\oplus + M_m}$ の質点の角運動量に置きかえることができることを示している。

C

15-16.　(a)　円運動の向心力　$mr_0\omega_0{}^2$

(b)　糸を引く力は中心力だから，角運動量が保存される。時刻 t のときの角速度を ω と

すれば，$mr_0{}^2\omega_0 = m(r_0 - ut)^2\omega \ \Rightarrow\ \omega = \dfrac{r_0{}^2}{(r_0 - ut)^2}\omega_0$. よって，

$F(t) = m(r_0 - ut)\omega^2 = \dfrac{mr_0{}^4\omega_0{}^2}{(r_0 - ut)^3}$ となる。

15-17. (a) ダンベルの回転軸からの距離が x のときの慣性モーメントは，$I(x) = I + 2mx^2$. 両腕を縮める力は中心力で，角運動量が保存する. 従って腕を縮めたときの角速度を ω とすると，$I(L)\,\omega_0 = I(\ell)\,\omega \quad \Rightarrow \quad \omega = \dfrac{I + 2mL^2}{I + 2m\ell^2}\omega_0$

(b) $\dfrac{1}{2}I(\ell)\,\omega^2 - \dfrac{1}{2}I(L)\,\omega_0{}^2 = \dfrac{m\left(I + 2mL^2\right)\left(L^2 - \ell^2\right)\omega_0{}^2}{I + 2m\ell^2}$

(c) $2\displaystyle\int_L^\ell \left(-mx\omega^2\right)\mathrm{d}x$ を計算する. ここで $\omega = \dfrac{I + 2mL^2}{I + 2mx^2}\omega_0$ である. この積分は容易に実行でき，(b) と同じ結果となる.

15-18. 人工衛星の質量を m とし，遠日点までの距離を X，遠日点での人工衛星の速さ v をとする. 近日点と遠日点とで力学的エネルギー及び角運動量が等しいことから，

$$\frac{1}{2}mv_0{}^2 - G\frac{Mm}{R} = \frac{1}{2}mv^2 - G\frac{Mm}{X}, \quad mRv_0 = mXv$$

この 2 式から v を消去すると，X についての 2 次方程式が得られる. 解の一つは近日点にあたる $X = R$. 遠日点表すのはもう一つの解で，$X = \dfrac{R^2 v_0{}^2}{2GM - Rv_0{}^2}$. v_0 は第 1 宇宙速度と第 2 宇宙速度の間の値 $\left(\sqrt{\dfrac{GM}{R}} < v_0 < \sqrt{\dfrac{2GM}{R}}\right)$ になるから，$X > R$ である. 尚，人工衛星の力学的エネルギーは，$-\dfrac{GMm}{X + R}$ となる.

15-19. (a) $U(x) = \dfrac{\lambda}{2a}e^{-2ax}(1 - 2e^{ax})$, $U'(x) = \lambda e^{-2ax}(-1 + 2e^{ax})$, $U''(x) = a\lambda e^{-2ax}(2 - e^{ax})$ となることから，次の増減表とグラフを得る.

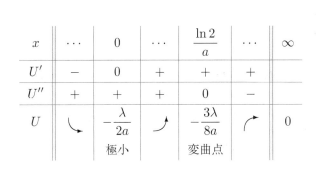

x	$\cdots$	0	$\cdots$	$\dfrac{\ln 2}{a}$	$\cdots$	∞
U'	$-$	0	$+$	$+$	$+$	
U''	$+$	$+$	$+$	0	$-$	
U	$\searrow$	$-\dfrac{\lambda}{2a}$ 極小	$\nearrow$	$-\dfrac{3\lambda}{8a}$ 変曲点	$\curvearrowright$	0

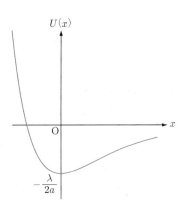

(b) $-\dfrac{\lambda}{2a} < E < 0$

(c) $E - U(x) = E - \dfrac{\lambda}{2a}\left(e^{-2ax} - 2e^{-ax}\right) = -\dfrac{\lambda}{2a}\left\{\left(e^{-ax}\right)^2 - 2e^{-ax} + \dfrac{2a(-E)}{\lambda}\right\} = 0$

$\Rightarrow \quad e^{-ax} = 1 \pm \sqrt{1 - \dfrac{2a(-E)}{\lambda}} \quad \Rightarrow \quad x_\pm = -\dfrac{1}{a}\ln\left(1 \mp \sqrt{1 - \dfrac{2a(-E)}{\lambda}}\right)$

(d) 前問の結果から，

$$z_\pm = e^{-\ln\left(1 \mp \sqrt{1 - \frac{2a(-E)}{\lambda}}\right)} = \frac{1}{1 \mp \sqrt{1 - \frac{2a(-E)}{\lambda}}} = \frac{\lambda}{2a(-E)}\left(1 \pm \sqrt{1 - \frac{2a(-E)}{\lambda}}\right)$$

一方，$E - U(x) = E - \dfrac{\lambda}{2a}\left(z^{-2} - 2z^{-1}\right) = \dfrac{E}{z^2}\left\{z^2 - \dfrac{\lambda}{a(-E)}z + \dfrac{\lambda}{2a(-E)}\right\}$ は

$z = z_\pm$ のとき 0 だから，$E - U(x) = \dfrac{E}{z^2}(z - z_+)(z - z_-) = \dfrac{(-E)}{z^2}(z_+ - z)(z - z_-)$

と因数分解できる．$dz = ae^{ax}dx = azdx \quad \Rightarrow \quad dx = \dfrac{dz}{az}$ より，

$$\tau = 2\int_{z_-}^{z_+} \sqrt{\frac{z^2 m}{2(-E)(z_+ - z)(z - z_-)}}\, \frac{dz}{az} = \sqrt{\frac{2m}{(-E)}}\, \frac{1}{a} \int_{z_-}^{z_+} \frac{dz}{\sqrt{(z_+ - z)(z - z_-)}}$$

(e) $(z_+ - z)(z - z_-) = -\left\{ z - \left(\dfrac{z_+ + z_-}{2} \right) \right\}^2 + \left(\dfrac{z_+ - z_-}{2} \right)^2$ と平方完成できる．

ここで，$z - \left(\dfrac{z_+ + z_-}{2} \right) = \left(\dfrac{z_+ - z_-}{2} \right) \sin\theta$ とおいて，積分の変数 z からを θ に

変える．z が z_- から z_+ まで変化するとき，θ は $-\dfrac{\pi}{2}$ から $\dfrac{\pi}{2}$ まで変化する．この

とき，$dz = \left(\dfrac{z_+ - z_-}{2} \right) \cos\theta\, d\theta$．また，$\cos\theta$ は負の値とはならないので，

$$\sqrt{(z_+ - z)(z - z_-)} = \sqrt{\left(\frac{z_+ - z_-}{2} \right)^2 (1 - \sin^2\theta)} = \left(\frac{z_+ - z_-}{2} \right) \cos\theta$$

となる．従って，$\tau = \sqrt{\dfrac{2m}{(-E)}} \cdot \dfrac{1}{a} \displaystyle\int_{\frac{\pi}{2}}^{-\frac{\pi}{2}} d\theta = \sqrt{\dfrac{2m}{(-E)}} \cdot \dfrac{\pi}{a}$

演習問題 16

A

16-1. $mg = G\dfrac{Mm}{R^2}$，$mg_h = G\dfrac{Mm}{(R+h)^2}$ より，$g_h = \left(\dfrac{R}{R+h} \right)^2 g$

B

16-2. 地球の公転軌道はほぼ円で，その半径（1億5千万 km）を 1 au（天文単位：astronomikal unit）という．ハレー彗星の公転周期は 76 年だから，その軌道の長半径を x とすると，ケプラーの第 3 に法則により，$\dfrac{x^3}{(76\,\text{年})^2} = \dfrac{(1\,\text{au})^3}{(1\,\text{年})^2}$ となる（右辺は地球の値）．故に，$x = 76^{\frac{2}{3}} \fallingdotseq 17.9\,\text{au}$. 遠日点までの距離を r_+，近日点までの距離を距離を r_- とすると，$x = \dfrac{r_+ + r_-}{2} \quad \Rightarrow \quad r_+ = 2x - r_- \fallingdotseq 35\,\text{au}$

16-3. $\dfrac{(xR)^3}{(1\,\text{日})^2} = \dfrac{(60.1R)^3}{(27.3)^2} \quad \Rightarrow \quad x = \dfrac{60.1}{(27.3)^{\frac{2}{3}}} \fallingdotseq 6.63\,\text{倍}$

C

16-4. (a) $\tau^2 = \dfrac{4\pi^2}{GM}a^3$ より $GM = \dfrac{4\pi^2}{\tau^2}a^3 \quad \Rightarrow \quad g = \dfrac{GM}{R^2} = \dfrac{4\pi^2 a^3}{\tau^2 R^2}$

(b) $g = \dfrac{4\pi^2(60.1R)^3}{\tau^2 R^2} \fallingdotseq \dfrac{4\pi^2 \times (60.1)^3 R}{\tau^2} \fallingdotseq \dfrac{4 \times (3.14)^2 \times (60.1)^3 \times 6380 \times 10^3}{(27.3 \times 24 \times 60 \times 60)^2} = 9.82\text{m/s}^2$

16-5. (a) 地球の半径を R，人工衛星の高度（地表からの高さ）を h，周期を τ とする．ケプラーの第 3 法則により，$\tau^2 = \dfrac{4\pi^2}{GM}(R+h)^3 = \dfrac{4\pi^2}{gR^2}(R+h)^3 = \dfrac{4\pi^2 R}{g}\left(1 + \dfrac{h}{R} \right)^3 \Rightarrow$

$$h = \left\{ \left(\left(\frac{\tau}{2\pi} \right)^2 \frac{g}{R} \right)^{\frac{1}{3}} - 1 \right\} R \fallingdotseq 1.68 \times 10^6 \, \text{m}$$

(b) 地球の自転の角速度を ω_0 とすると，人工衛星の角速度は $12\omega_0$. 観測可能な時間を T とすると，

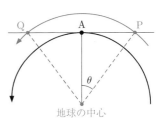

$$12\omega_0 T - \omega_0 T = 2\theta \quad \Rightarrow \quad T = \frac{2\theta}{11\omega_0}$$

$$\theta = \cos^{-1} \frac{R}{R+h} = \cos^{-1} \frac{1}{1 + \frac{h}{R}} \fallingdotseq 0.658 \, \text{rad}$$

を代入して，$T \fallingdotseq 1646 \, \text{s} \quad \Rightarrow \quad$ 約 27 分 30 秒

16-6. (a) $\boldsymbol{v} = \dfrac{\mathrm{d}r}{\mathrm{d}t} \boldsymbol{e}_r + r \dfrac{\mathrm{d}\theta}{\mathrm{d}t} \boldsymbol{e}_\theta = \mu \left(ae^{\mu t} - be^{-\mu t} \right) \boldsymbol{e}_r + \omega \left(ae^{\mu t} + be^{-\mu t} \right) \boldsymbol{e}_\theta$

$$\boldsymbol{a} = \left\{ \frac{\mathrm{d}^2 r}{\mathrm{d}t^2} - r \left(\frac{\mathrm{d}\theta}{\mathrm{d}t} \right)^2 \right\} \boldsymbol{e}_r + \left\{ 2 \frac{\mathrm{d}r}{\mathrm{d}t} \frac{\mathrm{d}\theta}{\mathrm{d}t} + r \frac{\mathrm{d}^2\theta}{\mathrm{d}t^2} \right\} \boldsymbol{e}_\theta$$

$$= -(\omega^2 - \mu^2) \left(ae^{\mu t} + be^{-\mu t} \right) \boldsymbol{e}_r + 2\mu\omega \left(ae^{\mu t} - be^{-\mu t} \right) \boldsymbol{e}_\theta$$

(b) $r(t) = ae^{\mu t} + be^{-\mu t} \geqq 2\sqrt{ae^{\mu t} \cdot be^{-\mu t}} = 2\sqrt{ab}$. 等号は $ae^{\mu\tau} = be^{-\mu\tau}$ のとき.

$\Rightarrow$ 最も近づく時刻は，$\tau = \dfrac{1}{2\mu} \ln \left(\dfrac{b}{a} \right) \quad \left(ae^{\mu\tau} = be^{-\mu\tau} = \sqrt{ab} \right)$

(c)

$$\boldsymbol{v}(\tau) = 2\omega\sqrt{ab} \, \boldsymbol{e}_\theta$$
$$\boldsymbol{a}(\tau) = -2(\omega^2 - \mu^2)\sqrt{ab} \, \boldsymbol{e}_r$$

(d) $t = 2\tau = \dfrac{1}{\mu} \ln \left(\dfrac{b}{a} \right)$ のとき $e^{\mu t} = \dfrac{b}{a}$, $e^{-\mu t} = \dfrac{a}{b}$. よって，$r(2\tau) = b + a = r(0)$, $\theta(2\tau) = 2\omega\tau = 2\pi$ となる. 故に，$\boldsymbol{r}(2\tau) = \boldsymbol{r}(0)$ となる.

(e) $\boldsymbol{v}(0) = -\mu(b-a)\boldsymbol{e}_r + \omega(a+b)\boldsymbol{e}_\theta$, $\quad \boldsymbol{v}(2\tau) = \mu(b-a)\boldsymbol{e}_r + \omega(a+b)\boldsymbol{e}_\theta$

$\boldsymbol{a}(0) = -(\omega^2 - \mu^2)(a+b)\boldsymbol{e}_r - 2\mu\omega(b-a)\boldsymbol{e}_\theta$, $\quad \boldsymbol{a}(2\tau) = -(\omega^2 - \mu^2)(a+b)\boldsymbol{e}_r + 2\mu\omega(b-a)\boldsymbol{e}_\theta$

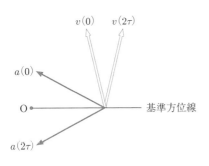

(f)

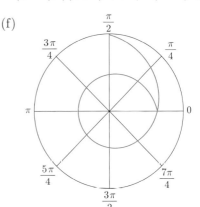

16-7. (a) $M_\odot = \dfrac{4}{3}\pi\rho_\odot R_\odot{}^3$, $\quad M_\oplus = \dfrac{4}{3}\pi\rho_\oplus R_\oplus{}^3$

(b) 地球の公転の速さは $v = \dfrac{2\pi L}{T}$. 円運動の運動方程式より，$M_\odot = \dfrac{4\pi^2}{G} \cdot \dfrac{L^3}{T^2}$.

(c) $mg = G \dfrac{mM_\oplus}{R_\oplus{}^2} \quad \Rightarrow \quad M_\oplus = \dfrac{gR_\oplus{}^2}{G}$.　　　　　　　　（ケプラーの第 3 法則）

(d) $\dfrac{M_\oplus}{M_\odot} = \dfrac{\rho_\oplus R_\oplus{}^3}{\rho_\odot R_\odot{}^3} = \dfrac{gT^2 R_\oplus{}^2}{4\pi^2 L^3} \quad \Rightarrow \quad \dfrac{\rho_\oplus}{\rho_\odot} = \dfrac{gT^2}{4\pi^2 R_\oplus} \cdot \left(\dfrac{R_\odot}{L} \right)^3$

(e) $\dfrac{R_\odot}{L} \fallingdotseq \dfrac{0.25 \, \text{cm}}{53 \, \text{cm}} \fallingdotseq 4.7 \times 10^{-3}$　(f) $\dfrac{\rho_\oplus}{\rho_\odot} \fallingdotseq 4.0$

16-8. 太陽の質量を $M_\odot$，地球の質量を $M_\oplus$，地球の公転周期を $T_\oplus$，月の公転周期を T_m，地球の公転半径を $L_\oplus$，月の公転半径を L_m とする．ケプラーの第3法則より，

$$\frac{M_\odot}{M_\oplus} = \left(\frac{T_m}{T_\oplus}\right)^2 \left(\frac{L_\oplus}{L_m}\right)^3 \fallingdotseq 3.28 \times 10^5 \text{倍}$$

16-9. (a) $m\boldsymbol{a} = m\left\{\dfrac{\mathrm{d}^2 r}{\mathrm{d}t^2} - r\left(\dfrac{\mathrm{d}\theta}{\mathrm{d}t}\right)^2\right\}\boldsymbol{e}_r + m\left\{2\dfrac{\mathrm{d}r}{\mathrm{d}t}\dfrac{\mathrm{d}\theta}{\mathrm{d}t} + r\dfrac{\mathrm{d}^2\theta}{\mathrm{d}t^2}\right\}\boldsymbol{e}_\theta = N\boldsymbol{e}_\theta$

(b) $r(0) = \dfrac{L}{2}$, $\dfrac{\mathrm{d}r}{\mathrm{d}t}(0) = 0$ より，$r(t) = \dfrac{L}{2}\cosh\omega t$, $N(t) = mL\omega^2 \sinh\omega t$

(c)

$\dfrac{r^2}{\left(\frac{L}{2}\right)^2} - \dfrac{N^2}{(mL\omega^2)^2} = 1$ の双曲線.

$N = mL\omega^2 \sqrt{\dfrac{r^2}{\left(\frac{L}{2}\right)^2} - 1}$

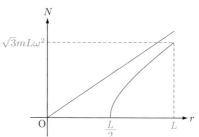

(d) $r(\tau) = L$ より $\tau = \dfrac{1}{\omega}\ln\left(2 + \sqrt{3}\right)$

(e) $\boldsymbol{v} = \dfrac{\mathrm{d}r}{\mathrm{d}t}\boldsymbol{e}_r + r\dfrac{\mathrm{d}\theta}{\mathrm{d}t}\boldsymbol{e}_\theta = \dfrac{\sqrt{3}}{2}L\omega\boldsymbol{e}_r + L\omega\boldsymbol{e}_\theta$　より

速さ：$\sqrt{\left(\dfrac{\sqrt{3}}{2}L\omega\right)^2 + (L\omega)^2} = \dfrac{\sqrt{7}}{2}L\omega$. 向き：$\tan\theta = \dfrac{L\omega}{\frac{\sqrt{3}}{2}L\omega} = \dfrac{2}{\sqrt{3}}$. (約 49°)

16-10. (a) 図より $a = \dfrac{r_1 + r_2}{2}$. M と2焦点までの距離の和が P と2焦点までの距離の和である $r_1 + r_2$ に等しいことから $b = \sqrt{r_1 r_2}$

(b) Δt の間に動径が掃く微小三角形の面積が等しいことから

$$\frac{1}{2}r_1 V_{\mathrm{P}}\Delta t = \frac{1}{2}r_2 V_{\mathrm{A}}\Delta t = \frac{1}{2}b V_{\mathrm{M}}\Delta t \quad \Rightarrow \quad V_{\mathrm{A}} = \frac{V_{\mathrm{P}}}{k} \quad V_{\mathrm{M}} = \frac{V_{\mathrm{P}}}{\sqrt{k}}$$

演習問題 17

A

17-1. 台を一定の力で水平に押し，大きさ α の加速度で動かす．このとき，慣性力 $m\alpha$ と重力 mg の合力が垂直抗力 N とつり合うようにすれば，小物体は動かない．

水平：$N\sin\theta = m\alpha$　鉛直：$N\cos\theta = mg$　$\Rightarrow$　$\alpha = g\tan\theta$

17-2. コリオリの力の大きさは，地球の自転の角速度を ω_0 として，$2m\omega_0 v$. その向きは，東向きに走るときは地軸から離れる向き，西向きに走るときは地軸に向かう向き．線路を鉛直に押す力は，西向きに進むときに $4m\omega_0 v\cos\phi$ だけ大きくなる．

B

17-3. マクローリン展開により，$\dfrac{1}{\sqrt{1-x}} = 1 + \dfrac{1}{2}x + \dfrac{3}{8}x^2 + \cdots$ となり，

$$m(v)c^2 = \frac{m_0 c^2}{\sqrt{1 - \frac{v^2}{c^2}}} = m_0 c^2 + \frac{1}{2}m_0 v^2 + \frac{3}{8}m_0\frac{v^4}{c^2} + \cdots$$

17-4. (a) $\dfrac{\mathrm{d}m}{\mathrm{d}t} = \dfrac{\mathrm{d}m}{\mathrm{d}v}\dfrac{\mathrm{d}v}{\mathrm{d}t} = m_0\left(-\dfrac{1}{2}\right)\left(1 - \dfrac{v^2}{c^2}\right)^{-\frac{3}{2}}\left(-\dfrac{2v}{c^2}\right)\dfrac{\mathrm{d}v}{\mathrm{d}t} = \dfrac{mv}{c^2 - v^2}\dfrac{\mathrm{d}v}{\mathrm{d}t}$

(b) 前問より, $\dfrac{\mathrm{d}v}{\mathrm{d}t} = \dfrac{c^2 - v^2}{mv}\dfrac{\mathrm{d}m}{\mathrm{d}t}$. よって,

$$\dfrac{\mathrm{d}}{\mathrm{d}t}(mv) = \dfrac{\mathrm{d}m}{\mathrm{d}t}v + m\dfrac{\mathrm{d}v}{\mathrm{d}t} = \dfrac{\mathrm{d}m}{\mathrm{d}t}v + m\dfrac{c^2 - v^2}{mv}\dfrac{\mathrm{d}m}{\mathrm{d}t} = \dfrac{c^2}{v}\dfrac{\mathrm{d}m}{\mathrm{d}t}$$

(c) $v\mathrm{d}t = \mathrm{d}x$ だから, $F\mathrm{d}x = \dfrac{c^2}{v}\dfrac{\mathrm{d}m}{\mathrm{d}t}\mathrm{d}x = c^2\mathrm{d}m = \mathrm{d}(mc^2)$

C

17-5. (a) $m\dfrac{\mathrm{d}^2 x}{\mathrm{d}t^2} = 2m\omega_0 gt\cos\phi,\ m\dfrac{\mathrm{d}^2 y}{\mathrm{d}t^2} = 0,\ m\dfrac{\mathrm{d}^2 z}{\mathrm{d}t^2} = -gt$

(b) 前問の運動方程式を積分し, $t = 0\,\mathrm{s}$ のとき z 軸上 $z = h$ の点に静止していたという初期条件の下で積分定数を決定すれば良い.

(c) $t = \sqrt{\dfrac{2(h - z)}{g}}$ として x の式に代入する.

(d) ずれは $\dfrac{\omega_0\cos\phi}{3}\sqrt{\dfrac{8h^3}{g}}$. $\omega_0 = \dfrac{2\pi}{24 \times 60 \times 60} \fallingdotseq 7.27 \times 10^{-5}$ より $2.84 \times 10^{-1}\,\mathrm{m}$

17-6. $\dfrac{\mathrm{d}z}{\mathrm{d}t} = v_0 - gt,\ z = v_0 t - \dfrac{1}{2}gt^2$ より, $\dfrac{\mathrm{d}^2 x}{\mathrm{d}t^2} = -2\omega_0(v_0 - gt)\cos\phi$. $t = 0\,\mathrm{s}$ のとき $\dfrac{\mathrm{d}x}{\mathrm{d}t} = 0\,\mathrm{m/s},\ x = 0\,\mathrm{m}$ の下で積分して, $x = -\omega_0\left(v_0 t^2 - \dfrac{1}{3}gt^3\right)\cos\phi$. ここに $z = 0$ となる正の時刻 $t = \dfrac{2v_0}{g}$ を代入. 投げ上げた点から西へ $\dfrac{4\omega_0 v_0{}^3}{3g^2}\cos\phi$ 離れた地点.

17-7. 物体および台の加速度を, 右向きを正として, それぞれ $\boldsymbol{a}$, $\boldsymbol{A}$ とし, 成分で

$$\boldsymbol{a} = a_x\boldsymbol{i} + a_y\boldsymbol{j}, \quad \boldsymbol{A} = A\boldsymbol{i}$$

と表すことにする. ここで, a_y, A は負である. 次に, 物体および台の速度を, 右向きを正として, それぞれ $\boldsymbol{v}$, $\boldsymbol{V}$ とし, 成分で

$$\boldsymbol{v} = v_x\boldsymbol{i} + v_y\boldsymbol{j}, \quad \boldsymbol{V} = V\boldsymbol{i}$$

と表すことにする. ここで, v_y, V は負である. 最後に, 時間 t の間の物体および台の変位を, 右向きを正として, それぞれそれぞれ $\Delta\boldsymbol{x}$, $\Delta\boldsymbol{X}$ とし, 成分で

$$\Delta\boldsymbol{x} = \Delta x\boldsymbol{i} + \Delta y\boldsymbol{j}, \quad \Delta\boldsymbol{X} = \Delta X\boldsymbol{i}$$

と表すことにする. ここで, Δy, ΔX は負である.

物体と台に働く力は一定なので, 加速度は定数である. 始めにどちらも静止していたので, 上に定義した諸量の間には, 以下の関係がある.

$$v_x = a_x t, \quad v_y = a_y t, \quad V = At.$$

$$\Delta x = \dfrac{1}{2}a_x t^2, \quad \Delta y = \dfrac{1}{2}a_y t^2, \quad \Delta V = \dfrac{1}{2}At^2.$$

未知数は加速度の 3 成分, a_x, a_y, A である.

解法 I. この系に働く外力は, 鉛直下向きに働く重力と, 鉛直上向きに働く水平面からの垂直抗力（仕事はしない）であるから,

(a)   水平方向の全運動量が保存する（初期条件より 0）.

(b)   力学的エネルギーが保存する.

これらを数式で表せば,

$$mv_x + MV = 0,$$ ①

$$\frac{1}{2}m\left(v_x^2 + v_y^2\right) + \frac{1}{2}MV^2 + mg\Delta y = 0.$$ ②

また, 物体は台上を動く（束縛条件 !）ので, 台から見た物体の変位

$$\Delta \boldsymbol{x} - \Delta \boldsymbol{X} = (\Delta x - \Delta X)\boldsymbol{i} + \Delta y\boldsymbol{j},$$

は, 水平から角 θ 下方へ向かう向きである. すなわち,

$$\frac{\Delta y}{\Delta x - \Delta X} = -\tan\theta \quad \Rightarrow \quad \Delta y = -(\Delta x - \Delta X)\tan\theta.$$ ③

式 ①～③ を加速度を用いて表すと,

$$ma_x + MA = 0,$$

$$m(a_x^2 + a_y^2) + MA^2 + mga_y = 0,$$

$$a_y = -(a_x - A)\tan\theta,$$ ④

となる. これを解いて $A \neq 0$ の解を求めると

$$A = -\frac{m\sin\theta\cos\theta}{M + m\sin^2\theta}\,g, \quad a_x = \frac{M\sin\theta\cos\theta}{M + m\sin^2\theta}\,g, \quad a_y = -\frac{(M+m)\sin^2\theta}{M + m\sin^2\theta}\,g.$$

解法 II. 運動方程式を書き下す. 物体に対して台から働く垂直抗力の大きさを N とすると,

$$ma_x = N\sin\theta,$$

$$ma_y = N\cos\theta - mg,$$

となる. 台に対しては N の反作用が働き,

$$MA = -N\sin\theta,$$

である. この3式より加速度を N で表すことができ, 束縛条件をあらわす式 ④ に代入して N が決まる.

$$N = \frac{Mm\cos\theta}{M + m\sin^2\theta}\,g.$$

解法 III. 非慣性系（台の上）で慣性力 mA を加えて考える. いま, 便宜上台は右向きに加速度 A をもつとしているので, 物体に働く慣性力は, 左向きに mA となる.（実際には A は負で, 右向きの力になる.）面に垂直な方向の力のつり合いより,

$$N = mg\cos\theta + mA\sin\theta,$$

が成り立ち, これと床から見た台の運動方程式

$$MA = -N\sin\theta,$$

より, N と A が求まる. 尚, 斜面上を滑り落ちる物体の加速度を a とし, 慣性力を考慮して台上での物体の運動方程式を書くと,

$$ma = -mA\cos\theta + mg\sin\theta \quad \Rightarrow \quad a = \frac{(M+m)\sin\theta}{M + m\sin^2\theta}\,g.$$

床から見た物体の加速度は, $a_x = a\cos\theta + A$, $a_y = -a\sin\theta$.

17-8. $\dfrac{\partial}{\partial x} = \dfrac{\partial x'}{\partial x}\dfrac{\partial}{\partial x'} + \dfrac{\partial t'}{\partial x}\dfrac{\partial}{\partial t'} = \dfrac{1}{\sqrt{1-\beta^2}}\dfrac{\partial}{\partial x'} - \dfrac{u}{c^2\sqrt{1-\beta^2}}\dfrac{\partial}{\partial t'},\ \dfrac{\partial}{\partial y} = \dfrac{\partial}{\partial y'},\ \dfrac{\partial}{\partial z} = \dfrac{\partial}{\partial z'},$

$\dfrac{\partial}{\partial t} = \dfrac{\partial x'}{\partial t}\dfrac{\partial}{\partial x'} + \dfrac{\partial t'}{\partial t}\dfrac{\partial}{\partial t'} = -\dfrac{u}{\sqrt{1-\beta^2}}\dfrac{\partial}{\partial x'} + \dfrac{1}{\sqrt{1-\beta^2}}\dfrac{\partial}{\partial t'},$

$\dfrac{\partial^2}{\partial x^2} = \left(\dfrac{1}{\sqrt{1-\beta^2}}\dfrac{\partial}{\partial x'} - \dfrac{u}{c^2\sqrt{1-\beta^2}}\dfrac{\partial}{\partial t'}\right)^2$

$= \dfrac{1}{1-\beta^2}\left(\dfrac{\partial^2}{\partial x'^2} - \dfrac{2u}{c^2}\dfrac{\partial^2}{\partial x'\partial t'} + \dfrac{u^2}{c^4}\dfrac{\partial^2}{\partial t'^2}\right),\ \ \dfrac{\partial^2}{\partial y^2} = \dfrac{\partial^2}{\partial y'^2},\ \ \dfrac{\partial^2}{\partial z^2} = \dfrac{\partial^2}{\partial z'^2},$

$\dfrac{\partial^2}{\partial t^2} = \left(-\dfrac{u}{\sqrt{1-\beta^2}}\dfrac{\partial}{\partial x'} + \dfrac{1}{\sqrt{1-\beta^2}}\dfrac{\partial}{\partial t'}\right)^2$

$= \dfrac{1}{1-\beta^2}\left(u^2\dfrac{\partial^2}{\partial x'^2} - 2u\dfrac{\partial^2}{\partial x'\partial t'} + \dfrac{\partial^2}{\partial t'^2}\right)$ となることから

$\dfrac{\partial^2 \boldsymbol{E}}{\partial t^2} - c^2\Delta\boldsymbol{E} = \dfrac{\partial^2\boldsymbol{E}}{\partial t^2} - c^2\left\{\dfrac{\partial^2\boldsymbol{E}}{\partial x^2} + \dfrac{\partial^2\boldsymbol{E}}{\partial y^2} + \dfrac{\partial^2\boldsymbol{E}}{\partial z^2}\right\}$

$= \dfrac{1}{1-\beta^2}\left\{u^2\dfrac{\partial^2\boldsymbol{E}}{\partial x'^2} - 2u\dfrac{\partial^2\boldsymbol{E}}{\partial x'\partial t'} + \dfrac{\partial^2\boldsymbol{E}}{\partial t'^2}\right\}$

$\quad - c^2\left\{\dfrac{1}{1-\beta^2}\left(\dfrac{\partial^2\boldsymbol{E}}{\partial x'^2} - \dfrac{2u}{c^2}\dfrac{\partial^2\boldsymbol{E}}{\partial x'\partial t'} + \dfrac{u^2}{c^4}\dfrac{\partial^2\boldsymbol{E}}{\partial t'^2}\right) + \dfrac{\partial^2\boldsymbol{E}}{\partial y'^2} + \dfrac{\partial^2\boldsymbol{E}}{\partial z'^2}\right\}$

$= \dfrac{1}{1-\beta^2}\left\{(u^2-c^2)\dfrac{\partial^2\boldsymbol{E}}{\partial x'^2} + \left(1-\dfrac{u^2}{c^2}\right)\dfrac{\partial^2\boldsymbol{E}}{\partial t'^2}\right\} - c^2\left\{\dfrac{\partial^2\boldsymbol{E}}{\partial y'^2} + \dfrac{\partial^2\boldsymbol{E}}{\partial z'^2}\right\}$

$= \dfrac{\partial^2\boldsymbol{E}}{\partial t'^2} - c^2\left\{\dfrac{\partial^2\boldsymbol{E}}{\partial x'^2} + \dfrac{\partial^2\boldsymbol{E}}{\partial y'^2} + \dfrac{\partial^2\boldsymbol{E}}{\partial z'^2}\right\} = \dfrac{\partial^2\boldsymbol{E}}{\partial t'^2} - c^2\Delta'\boldsymbol{E}.$ （$\boldsymbol{H}$ も同様.）

演習問題 18

A

18-1. 8 m　　　**18-2.** (a) $\boldsymbol{r}_c = -\dfrac{1}{4}i + j$　(b) $\boldsymbol{r}_c = \dfrac{-7i+4j-6k}{3}$

18-3. 0. 重心から質点 1, 2 までの距離をそれぞれ r_1, r_2 とすると,

$$N = r_1 m_1 g - r_2 m_2 g = \dfrac{m_2 l}{m_1+m_2}m_1 g - \dfrac{m_1 l}{m_1+m_2}m_2 g = 0$$

重力による力のモーメントがゼロになる点が重心の定義である. 結果として質量中心と同じになるが, 定義が異なることに注意.

18-4. (a) $M\dfrac{\mathrm{d}^2 r_G}{\mathrm{d}t^2} = -Mg\,j$　(b) 重心は放物運動と同じ運動をする. 従って,

$$\boldsymbol{v}_G = v_0\cos\theta\,i + (-gt + v_0\sin\theta)\,j,\ \ \boldsymbol{r}_G = v_0\cos\theta\,t\,i + \left(-\dfrac{1}{2}gt^2 + v_0\sin\theta\,t\right)j$$

(c) $\boldsymbol{P} = \boldsymbol{P}_G = M\boldsymbol{v}_G = M\{v_0\cos\theta\,i + (-gt+v_0\sin\theta)\,j\}$

(d) 重心系で重心回りの重力のモーメントはゼロ（**18-3.**参照）. したがって, $N' = 0$

(e) $\dfrac{\mathrm{d}L'}{\mathrm{d}t} = N' = 0$

(f)　角運動量が保存するので，物体は一定の角速度 ω_0 で回転する

(b)　$\boldsymbol{L} = \boldsymbol{L}_\mathrm{G} + \boldsymbol{L}' = M\boldsymbol{r}_\mathrm{G} \times \boldsymbol{v}_\mathrm{G} + m_\mathrm{A}\boldsymbol{r}'_\mathrm{A} \times \boldsymbol{v}'_\mathrm{A} + m_\mathrm{B}\boldsymbol{r}'_\mathrm{B} \times \boldsymbol{v}'_\mathrm{B}$. これより，

$$L = \left\{ -\frac{1}{2}Mgv_0 \cos\theta\, t^2 \pm \frac{m_\mathrm{A}m_\mathrm{B}}{M}\ell^2\omega_0 \right\}k.\ (\pm \text{ は物体が逆回転している場合もあるため})$$

B

18-5.　人と板からなる全体の重心 G は動かない．板の重心

（中心）から G までの距離は $\dfrac{m\dfrac{\ell}{2}}{m+M}$ で，板はこの 2

倍動く．$\dfrac{m\ell}{m+M}$

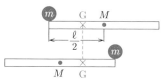

18-6.　共通の加速度 α で左の方へ進むと仮定し，斜面の沿った運動方程式を書くと，

$2m\alpha = 2mg\sin 30^\circ - T$, $\quad m\alpha = T - mg\sin 60^\circ$. これを解いて

$$\alpha = \frac{2-\sqrt{3}}{6}g, \quad T = \frac{1+\sqrt{3}}{3}mg$$

18-7. (a)　底面から $\left(1 - \dfrac{1}{\sqrt[3]{2}}\right)h\ (\fallingdotseq 0.21h)$.　(b)　$\dfrac{h}{4}$

18-8.　切り取った部分の質量を m とすると，残りの部分の質量は $15m$. 2 つの部分を合わせた円盤の重心は中心 O だから，$\dfrac{3}{4}r \times m - x \times 15m = 0$. これより $x = \dfrac{r}{20}$.

18-9.　$\boldsymbol{r}_\mathrm{c} = \dfrac{m \times (\boldsymbol{i} + \sqrt{3}\,\boldsymbol{j}) + 2m \times 4\boldsymbol{i}}{m + 2m} = 3\,\boldsymbol{i} + \dfrac{\sqrt{3}}{3}\,\boldsymbol{j}$

C

18-10.　2 つの星は，重心のまわりに回転する．質量 m の星の回転半径を r，質量 M の星の回転半径を R とし，共通の角速度を ω とする．2 つの星の中心向きの運動方程式は，

$$mr\omega^2 = G\frac{mM}{(r+R)^2}, \quad MR\omega^2 = G\frac{mM}{(r+R)^2}$$

$$\Rightarrow \quad r\omega^2 + R\omega^2 = G\frac{m+M}{(r+R)^2} \quad \Rightarrow \quad \omega = \sqrt{G\frac{m+M}{(r+R)^3}}$$

従って，周期は $\dfrac{2\pi}{\omega} = 2\pi\sqrt{\dfrac{G(r+R)^3}{m+M}}$ となり，$m+M$ で決まる．

18-11.　衝突後の B, C の速度を $v_\mathrm{B}, v_\mathrm{C}$ とすると，$mv_\mathrm{B} + mv_\mathrm{C} = mv_0$, $v_\mathrm{B} - v_\mathrm{C} = v_0$. これを解いて，$v_\mathrm{B} = v_0, v_\mathrm{C} = 0$. A, B の質量中心の速度は等速直線運動し，その速さは $\dfrac{mv_0 + 0}{m+m} = \dfrac{1}{2}v_0$. 重心系から見ると，ばねが自然長のとき，粒子 A, B が速さ $\dfrac{v_0}{2}$ で重心（ばねの中心）に向けて動き出す．2 つ質点が止まった瞬間のばねの縮みを Δx とすると，$\dfrac{1}{2}m\left(\dfrac{v_0}{2}\right)^2 \times 2 = \dfrac{1}{2}k(\Delta x)^2 \Rightarrow \Delta x = v_0\sqrt{\dfrac{m}{2k}}$. ばねの長さは，自然長 $\pm\Delta x$ の間で変動する．粒子 A, B の振幅は，$\dfrac{\Delta x}{2} = \dfrac{v_0}{2}\sqrt{\dfrac{m}{2k}}$. 単振動の角速度を ω とすると，（最大の速さ）$= \omega \times$（振幅）の関係があることから $\omega = \sqrt{\dfrac{2k}{m}}$. 従って周期は，$\dfrac{2\pi}{\omega} = \pi\sqrt{\dfrac{2m}{k}}$.

別解 粒子 A, B の座標を x_A, x_B, ばねの自然長を ℓ として, 運動方程式を立てる.

$$m\frac{\mathrm{d}^2 x_\mathrm{A}}{\mathrm{d}t^2} = k(x_\mathrm{B} - x_\mathrm{A} - \ell), \quad m\frac{\mathrm{d}^2 x_\mathrm{B}}{\mathrm{d}t^2} = -k(x_\mathrm{B} - x_\mathrm{A} - \ell) \qquad ①$$

① の 2 式を加えると, $m\dfrac{\mathrm{d}^2}{\mathrm{d}t^2}(x_\mathrm{A} + x_\mathrm{B}) = 0$. この方程式の一般解は, A, B を定数とし

て, $x_\mathrm{A} + x_\mathrm{B} = At + B$. ① の 2 式の差を取ると, $m\dfrac{\mathrm{d}^2}{\mathrm{d}t^2}(x_\mathrm{A} - x_\mathrm{B}) = -2k(x_\mathrm{A} - x_\mathrm{B} - \ell)$.

この方程式は, $x_\mathrm{A} - x_\mathrm{B} - \ell$ が角振動数 $\omega = \sqrt{\dfrac{2k}{m}}$ の単振動となることを示す. 即ち一

般解は, C, D を定数として, $x_\mathrm{A} - x_\mathrm{B} - \ell = C\cos\omega t + D\sin\omega t$. 初期条件, $t = 0$ の

ときに $x_\mathrm{A} = 0$, $x_\mathrm{B} = \ell$, $\dfrac{\mathrm{d}x_\mathrm{A}}{\mathrm{d}t} = v_0$, $\dfrac{\mathrm{d}x_\mathrm{B}}{\mathrm{d}t} = 0$ によって積分定数を決定すると,

$$x_\mathrm{A} = \frac{1}{2}v_0 t - \frac{v_0}{2\omega}\sin\omega t, \quad x_\mathrm{B} = \frac{1}{2}v_0 t + \ell + \frac{v_0}{2\omega}\sin\omega t \qquad ②$$

② の 2 式から, 重心が速さ $\dfrac{1}{2}v_0$ で等速直線運動し, 重心のまわりの相対運動は, 振

幅 $\dfrac{v_0}{2\omega} = \dfrac{v_0}{2}\sqrt{\dfrac{m}{2k}}$, 周期 $\dfrac{2\pi}{\omega} = \pi\sqrt{\dfrac{2m}{k}}$ の単振動となることが分かる.

演習問題 19

A

19-1. $\dfrac{\sin 2\theta}{\sin\theta} = \dfrac{2\sin\theta\cos\theta}{\sin\theta} = 2\cos\theta = \beta.$

$\dfrac{\sin 3\theta}{\sin\theta} = \dfrac{3\sin\theta - 4\sin^3\theta}{\sin\theta} = 3 - 4\sin^2\theta = 4\cos^2\theta - 1 = \beta^2 - 1.$

B

19-2. $\ell = N+1$ のとき, $\theta = \pi$ となり, D_N は分母・分子がゼロの不定形となる. その値を

計算すると, $D_N = (-1)^N(N+1) \neq 0$. $\ell = N+2$ のとき, $\theta^{(N+2)} = \dfrac{(N+2)\pi}{N+1} =$

$\dfrac{\{2(N+1) - N\}\pi}{N+1} = 2\pi - \theta^{(N)}$. 従って, $\sin\dfrac{\theta^{(N+2)}}{2} = \sin\left(\pi - \dfrac{\theta^{(N)}}{2}\right) = \sin\dfrac{\theta^{(N)}}{2}$

となるから, $\omega^{(N+2)} = \omega^{(N)}$ となって, 新しい角振動数を与えない.

19-3.

$$m\frac{\mathrm{d}^2 x_n^{(\ell)}}{\mathrm{d}t^2} = -m\left(\omega^{(\ell)}\right)^2 \sin\left(\frac{n\ell\pi}{N+1}\right) a^{(\ell)} \cdot \cos\omega^{(\ell)}t$$

$$= -4k\sin^2\left(\frac{\ell\pi}{2(N+1)}\right)\sin\left(\frac{n\ell\pi}{N+1}\right) a^{(\ell)} \cdot \cos\omega^{(\ell)}t$$

$$= -2k\left\{1 - \cos\left(\frac{\ell\pi}{N+1}\right)\right\}\sin\left(\frac{n\ell\pi}{N+1}\right) a^{(\ell)} \cdot \cos\omega^{(\ell)}t$$

$$= -2kx_n^{(\ell)} + 2k\cos\left(\frac{\ell\pi}{N+1}\right)\sin\left(\frac{n\ell\pi}{N+1}\right) a^{(\ell)} \cdot \cos\omega^{(\ell)}t$$

$$= -2kx_n^{(\ell)} + k\left\{\sin\left(\frac{(n+1)\ell\pi}{N+1}\right) + \sin\left(\frac{(n-1)\ell\pi}{N+1}\right)\right\} a^{(\ell)} \cdot \cos\omega^{(\ell)}t$$

$$= -2kx_n^{(\ell)} + k\left(x_{n+1}^{(\ell)} + x_{n-1}^{(\ell)}\right) = k\left(x_{n-1}^{(\ell)} - 2x_n^{(\ell)} + x_{n+1}^{(\ell)}\right)$$

19-4.　$N = 3$

$$\omega^{(1)} = 2\sqrt{\frac{k}{m}}\sin\left(\frac{\pi}{8}\right) = \sqrt{\frac{\left(2-\sqrt{2}\right)k}{m}}\ ,\ \ \omega^{(2)} = 2\sqrt{\frac{k}{m}}\sin\left(\frac{2\pi}{8}\right) = \sqrt{\frac{2k}{m}},$$

$$\omega^{(3)} = 2\sqrt{\frac{k}{m}}\sin\left(\frac{3\pi}{8}\right) = \sqrt{\frac{\left(2+\sqrt{2}\right)k}{m}}$$

$$a_1^{(1)} = \sin\left(\frac{\pi}{4}\right)a^{(1)} = \frac{\sqrt{2}}{2}a^{(1)},\ a_2^{(1)} = \sin\left(\frac{2\pi}{4}\right)a^{(1)} = a^{(1)},\ a_3^{(1)} = \sin\left(\frac{3\pi}{4}\right)a^{(1)} = \frac{\sqrt{2}}{2}a^{(1)}$$

$$a_1^{(2)} = \sin\left(\frac{2\pi}{4}\right)a^{(2)} = a^{(2)}\ ,\ \ \ a_2^{(2)} = \sin\left(\frac{4\pi}{4}\right)a^{(2)} = 0\ ,\ \ \ a_3^{(2)} = \sin\left(\frac{6\pi}{4}\right)a^{(2)} = -a^{(2)}$$

$$a_1^{(3)} = \sin\left(\frac{3\pi}{4}\right)a^{(3)} = \frac{\sqrt{2}}{2}a^{(3)},\ a_2^{(3)} = \sin\left(\frac{6\pi}{4}\right)a^{(3)} = -a^{(3)},\ a_3^{(3)} = \sin\left(\frac{9\pi}{4}\right)a^{(3)} = \frac{\sqrt{2}}{2}a^{(3)}$$

第 1 基準振動：$x_1^{(1)} = x_3^{(1)} = \dfrac{\sqrt{2}}{2}a^{(1)}\cdot\cos\omega^{(1)}t\ ,\ \ \ x_2^{(1)} = \sqrt{2}x_1^{(1)}$

第 2 基準振動：$x_1^{(2)} = -x_3^{(2)} = a^{(2)}\cdot\cos\omega^{(2)}t\ ,\ \ \ x_2^{(2)} = 0$

第 3 基準振動：$x_1^{(3)} = x_3^{(3)} = \dfrac{\sqrt{2}}{2}a^{(3)}\cdot\cos\omega^{(3)}t\ ,\ \ \ x_2^{(3)} = -\sqrt{2}x_1^{(3)}$

$N = 4$

$$\omega^{(1)} = 2\sqrt{\frac{k}{m}}\sin\left(\frac{\pi}{10}\right) = \sqrt{\frac{\left(3-\sqrt{5}\right)k}{2m}}\ ,\ \ \omega^{(2)} = 2\sqrt{\frac{k}{m}}\sin\left(\frac{2\pi}{10}\right) = \sqrt{\frac{\left(5-\sqrt{5}\right)k}{2m}}\ ,$$

$$\omega^{(3)} = 2\sqrt{\frac{k}{m}}\sin\left(\frac{3\pi}{10}\right) = \sqrt{\frac{\left(3+\sqrt{3}\right)k}{2m}}\ ,\ \ \omega^{(4)} = 2\sqrt{\frac{k}{m}}\sin\left(\frac{4\pi}{10}\right) = \sqrt{\frac{\left(5+\sqrt{5}\right)k}{2m}}\ ,$$

$$a_1^{(1)} = \sin\left(\frac{\pi}{5}\right)a^{(1)},\ a_2^{(1)} = \sin\left(\frac{2\pi}{5}\right)a^{(1)},\ a_3^{(1)} = \sin\left(\frac{3\pi}{5}\right)a^{(1)},\ a_4^{(1)} = \sin\left(\frac{4\pi}{5}\right)a^{(1)}$$

$$a_1^{(2)} = \sin\left(\frac{2\pi}{5}\right)a^{(2)},\ a_2^{(2)} = \sin\left(\frac{4\pi}{5}\right)a^{(2)},\ a_3^{(2)} = \sin\left(\frac{6\pi}{5}\right)a^{(2)},\ a_4^{(2)} = \sin\left(\frac{8\pi}{5}\right)a^{(2)}$$

$$a_1^{(3)} = \sin\left(\frac{3\pi}{5}\right)a^{(3)},\ a_2^{(3)} = \sin\left(\frac{6\pi}{5}\right)a^{(3)},\ a_3^{(3)} = \sin\left(\frac{9\pi}{5}\right)a^{(3)},\ a_4^{(3)} = \sin\left(\frac{12\pi}{5}\right)a^{(3)}$$

$$a_1^{(4)} = \sin\left(\frac{4\pi}{5}\right)a^{(4)},\ a_2^{(4)} = \sin\left(\frac{8\pi}{5}\right)a^{(4)},\ a_3^{(4)} = \sin\left(\frac{12\pi}{5}\right)a^{(4)},\ a_4^{(4)} = \sin\left(\frac{16\pi}{5}\right)a^{(4)}$$

第 1 基準振動：$x_1^{(1)} = x_4^{(1)} = \dfrac{\sqrt{10-2\sqrt{5}}}{4}a^{(1)}\cdot\cos\omega^{(1)}t\ ,\ \ \ x_2^{(1)} = x_3^{(1)} = \sqrt{\dfrac{10+2\sqrt{5}}{10-2\sqrt{5}}}x_1^{(1)}$

第 2 基準振動：$x_1^{(2)} = -x_4^{(2)} = \dfrac{\sqrt{10+2\sqrt{5}}}{4}a^{(2)}\cdot\cos\omega^{(2)}t\ ,\ \ \ x_2^{(2)} = -x_3^{(2)} = \sqrt{\dfrac{10-2\sqrt{5}}{10+2\sqrt{5}}}x_1^{(2)}$

第 3 基準振動：$x_1^{(3)} = x_4^{(3)} = \dfrac{\sqrt{10+2\sqrt{5}}}{4}a^{(3)}\cdot\cos\omega^{(3)}t\ ,\ \ \ x_2^{(3)} = x_3^{(3)} = -\sqrt{\dfrac{10-2\sqrt{5}}{10+2\sqrt{5}}}x_1^{(3)}$

第 4 基準振動：$x_1^{(4)} = -x_4^{(4)} = \dfrac{\sqrt{10-2\sqrt{5}}}{4}a^{(4)}\cdot\cos\omega^{(4)}t\ ,\ \ \ x_2^{(4)} = -x_3^{(4)} = -\sqrt{\dfrac{10+2\sqrt{5}}{10-2\sqrt{5}}}x_1^{(4)}$

19-5.　$q_1 = \dfrac{1}{2}x_1 + \dfrac{\sqrt{2}}{2}x_2 + \dfrac{1}{2}x_3\ ,\ \ q_2 = \dfrac{\sqrt{2}}{2}x_1 - \dfrac{\sqrt{2}}{2}x_3\ ,\ \ q_3 = \dfrac{1}{2}x_1 - \dfrac{\sqrt{2}}{2}x_2 + \dfrac{1}{2}x_3$

$x_1 = \dfrac{1}{2}q_1 + \dfrac{\sqrt{2}}{2}q_2 + \dfrac{1}{2}q_3\ ,\ \ x_2 = \dfrac{\sqrt{2}}{2}q_1 - \dfrac{\sqrt{2}}{2}q_3\ ,\ \ x_3 = \dfrac{1}{2}q_1 - \dfrac{\sqrt{2}}{2}q_2 + \dfrac{1}{2}q_3$

前問の第 1 基準振動は，上式で $q_2 = q_3 = 0$ としたものである．

C

19-6. (a) 振り子の振れ角を θ とすると，鉛直方向の変位は $\ell(1-\cos\theta)\fallingdotseq\dfrac{1}{2}\ell\theta^2$ となり，微小量の 2 次だから．

(b) 振り子の接線方向の重力の成分は $mg\sin\theta\fallingdotseq mg\cdot\dfrac{x}{\ell}$ で，最下点へ向かう復元力とみなせる．これは，ばね定数 $\dfrac{mg}{\ell}$ のばねと同等である．運動方程式は，

$$m\frac{\mathrm{d}^2x_1}{\mathrm{d}t^2}=-\frac{mg}{\ell}x_1+k(x_2-x_1),\quad m\frac{\mathrm{d}^2x_2}{\mathrm{d}t^2}=-\frac{mg}{\ell}x_2-k(x_2-x_1)$$

$x_i=a_i\cos\omega t,\ (i=1,2)$ と仮定して角振動数を求める．

第 1 基準振動: $x_1^{(1)}=x_2^{(1)}=a^{(1)}\cos\omega^{(1)}t,\quad \omega^{(1)}=\sqrt{\dfrac{g}{\ell}}$

第 2 基準振動: $x_1^{(2)}=-x_2^{(2)}=a^{(2)}\cos\omega^{(2)}t,\quad \omega^{(2)}=\sqrt{\dfrac{g}{\ell}+\dfrac{2k}{m}}$

運動方程式を行列を用いて表すと，

$$\frac{\mathrm{d}^2}{\mathrm{d}t^2}\begin{pmatrix}x_1\\x_2\end{pmatrix}=\begin{pmatrix}-\dfrac{g}{\ell}-\dfrac{k}{m}&\dfrac{k}{m}\\[2mm]\dfrac{k}{m}&-\dfrac{g}{\ell}-\dfrac{k}{m}\end{pmatrix}\begin{pmatrix}x_1\\x_2\end{pmatrix}\quad\Rightarrow\quad\frac{\mathrm{d}^2\boldsymbol{x}}{\mathrm{d}t^2}=M\boldsymbol{x}$$

行列 M の固有値は $\lambda_1=-\left(\omega^{(1)}\right)^2,\ \lambda_2=-\left(\omega^{(2)}\right)^2$，固有ベクトルは，それぞれ $\begin{pmatrix}1\\1\end{pmatrix}$ と $\begin{pmatrix}1\\-1\end{pmatrix}$ である．行列 M は対称行列 ($^tM=M$) だから，固有ベクトルを大きさ 1 にして並べた行列 $R=\dfrac{1}{\sqrt{2}}\begin{pmatrix}1&1\\1&-1\end{pmatrix}$ を用いて対角化できる．基準座標は $\boldsymbol{q}={}^tR\boldsymbol{x}$ で与えられる．($R^{-1}={}^tR=R$ となっている．) 具体的に書くと

$$q_1=\frac{\sqrt{2}}{2}\left(x_1+x_2\right),\quad q_2=\frac{\sqrt{2}}{2}\left(x_1-x_2\right)$$

基準座標が満たす方程式は，

$$\frac{\mathrm{d}^2q_1}{\mathrm{d}t^2}=-\frac{g}{\ell}q_1,\quad \frac{\mathrm{d}^2q_2}{\mathrm{d}t^2}=-\left(\frac{g}{\ell}+\frac{2k}{m}\right)q_2$$

19-7. 3 つのおもりの位置を表す右向きを正とした座標を，それぞれのつり合いの位置を原点として，左から順に $x_1,\ x_2,\ x_3$ とする．運動方程式は，

$$m\frac{\mathrm{d}^2x_1}{\mathrm{d}t^2}=-k_0x_1+k(x_2-x_1)=-(k_0+k)x_1+kx_2$$

$$m\frac{\mathrm{d}^2x_2}{\mathrm{d}t^2}=-k_0x_2-k(x_2-x_1)+k(x_3-x_2)=kx_1-(k_0+2k)x_2+kx_3$$

$$m\frac{\mathrm{d}^2x_3}{\mathrm{d}t^2}=-k_0x_3-k(x_3-x_2)=kx_2-(k_0+k)x_3$$

$x_n=a_n\cos\omega t,\ (n=1,2,3)$ と仮定して角振動数を求める．

第 1 基準振動: $x_1^{(1)}=x_2^{(1)}=x_3^{(1)}=a^{(1)}\cos\omega^{(1)}t,\quad \omega^{(1)}=\sqrt{\dfrac{k_0}{m}}$

第 2 基準振動: $x_1^{(2)}=-x_3^{(2)}=a^{(2)}\cos\omega^{(2)}t,\quad x_2^{(2)}=0,\quad \omega^{(2)}=\sqrt{\dfrac{k_0+k}{m}}$

第 3 基準振動: $x_1^{(3)}=x_3^{(3)}=a^{(3)}\cos\omega^{(3)}t,\quad x_2^{(3)}=-2x_1^{(3)},\quad \omega^{(3)}=\sqrt{\dfrac{k_0+3k}{m}}$

$\boldsymbol{x} = \begin{pmatrix} x_1 \\ x_2 \\ x_3 \end{pmatrix}$ とおいて運動方程式を行列で表すと, $\dfrac{\mathrm{d}^2\boldsymbol{x}}{\mathrm{d}t^2} = M\boldsymbol{x}$. ここで,

$$M = \begin{pmatrix} -\dfrac{k_0 + k}{m} & \dfrac{k}{m} & 0 \\ \dfrac{k}{m} & -\dfrac{k_0 + 2k}{m} & \dfrac{k}{m} \\ 0 & \dfrac{k}{m} & -\dfrac{k_0 + k}{m} \end{pmatrix}$$

は対称行列だから, M の固有ベクトルを大きさ 1 にして並べた行列

$$R = \begin{pmatrix} \dfrac{1}{\sqrt{3}} & \dfrac{1}{\sqrt{2}} & \dfrac{1}{\sqrt{6}} \\ \dfrac{1}{\sqrt{3}} & 0 & -\dfrac{2}{\sqrt{6}} \\ \dfrac{1}{\sqrt{3}} & -\dfrac{1}{\sqrt{2}} & \dfrac{1}{\sqrt{6}} \end{pmatrix}$$

を用いて対角化できる. 基準座標は $\boldsymbol{q} = {}^t\!R\boldsymbol{x}$ で与えられる. 具体的に書くと

$$q_1 = \frac{1}{\sqrt{3}}\left(x_1 + x_2 + x_3\right), \quad q_2 = \frac{1}{\sqrt{2}}\left(x_1 - x_3\right), \quad q_3 = \frac{1}{\sqrt{6}}\left(x_1 - 2x_2 + x_3\right)$$

基準座標が満たす方程式は,

$$\frac{\mathrm{d}^2 q_1}{\mathrm{d}t^2} = -\frac{k_0}{m}q_1, \quad \frac{\mathrm{d}^2 q_2}{\mathrm{d}t^2} = -\frac{k_0 + k}{m}q_2, \quad \frac{\mathrm{d}^2 q_3}{\mathrm{d}t^2} = -\frac{k_0 + 3k}{m}q_3$$

19-8. 運動方程式は,

$$m\frac{\mathrm{d}^2 x_1}{\mathrm{d}t^2} = -T_1 \sin\theta_1 + T_2 \sin\theta_2 \fallingdotseq -2mg\theta_1 + mg\theta_2$$

$$m\frac{\mathrm{d}^2 x_2}{\mathrm{d}t^2} = -T_2 \sin\theta_2 \fallingdotseq -mg\theta_2$$

ここで, $x_1 = \ell\sin\theta_1 \fallingdotseq \ell\theta_1$, $x_2 = x_1 + \ell\sin\theta_2 \fallingdotseq \ell(\theta_1 + \theta_2)$ を上式に代入して整理して, x_i に関する方程式にすると, $\omega_0 = \sqrt{\dfrac{g}{\ell}}$ と置いて,

$$\frac{\mathrm{d}^2 x_1}{\mathrm{d}t^2} = -3\omega_0{}^2 x_1 + \omega_0{}^2 x_2, \quad \frac{\mathrm{d}^2 x_2}{\mathrm{d}t^2} = \omega_0{}^2 x_1 - \omega_0{}^2 x_2$$

$x_n = a_n \cos\omega t, (n = 1, 2)$ と仮定して角振動数を求める.

第 1 基準振動: $x_1^{(1)} = \dfrac{1}{\sqrt{2} + 1}x_2^{(1)} = \ell a^{(1)} \cos\omega^{(1)}t, \quad \omega^{(1)} = \sqrt{2 - \sqrt{2}}\,\omega_0$

第 2 基準振動: $x_1^{(2)} = -\dfrac{1}{\sqrt{2} - 1}x_2^{(2)} = \ell a^{(2)} \cos\omega^{(2)}t, \quad \omega^{(2)} = \sqrt{2 + \sqrt{2}}\,\omega_0$

$\boldsymbol{x} = \begin{pmatrix} x_1 \\ x_2 \end{pmatrix}$ とおいて運動方程式を行列で表すと, $\dfrac{\mathrm{d}^2\boldsymbol{x}}{\mathrm{d}t^2} = M\boldsymbol{x}$. ここで,

$$M = \begin{pmatrix} -3\omega_0{}^2 & \omega_0{}^2 \\ \omega_0{}^2 & -\omega_0{}^2 \end{pmatrix}$$

は対称行列だから, M の固有ベクトルを大きさ 1 にして並べた行列

$$R = \begin{pmatrix} \dfrac{1}{\sqrt{4 + 2\sqrt{2}}} & \dfrac{1}{\sqrt{4 - 2\sqrt{2}}} \\ \dfrac{\sqrt{2} + 1}{\sqrt{4 + 2\sqrt{2}}} & -\dfrac{\sqrt{2} - 1}{\sqrt{4 - 2\sqrt{2}}} \end{pmatrix}$$

を用いて対角化できる．基準座標は $\boldsymbol{q} = {}^t\!R\boldsymbol{x}$ で与えられる．具体的に書くと

$$q_1 = \frac{x_1 + \left(\sqrt{2}+1\right)x_2}{\sqrt{4+2\sqrt{2}}}, \quad q_2 = \frac{x_1 - \left(\sqrt{2}-1\right)x_2}{\sqrt{4-2\sqrt{2}}}$$

基準座標が満たす方程式は，

$$\frac{\mathrm{d}^2 q_1}{\mathrm{d}t^2} = -\left(2-\sqrt{2}\right)\omega_0{}^2 q_1, \quad \frac{\mathrm{d}^2 q_2}{\mathrm{d}t^2} = -\left(2+\sqrt{2}\right)\omega_0{}^2 q_2$$

19-9. $\dfrac{\pi}{N+1} = \alpha$ と置く．

$$\sum_{n=1}^{N} \sin\left(\frac{n\ell\pi}{N+1}\right)\sin\left(\frac{n\ell'\pi}{N+1}\right) = \sum_{n=1}^{N} \frac{e^{in\ell\alpha} - e^{-in\ell\alpha}}{2i} \times \frac{e^{in\ell'\alpha} - e^{-in\ell'\alpha}}{2i}$$

$$= \frac{1}{4}\sum_{n=1}^{N}\left(-e^{in(\ell+\ell')\alpha} + e^{in(\ell-\ell')\alpha} + e^{-in(\ell-\ell')\alpha} - e^{-in(\ell+\ell')\alpha}\right) \qquad ①$$

ここで，$X = e^{in(\ell+\ell')\alpha}$ と置くと $X^{2(N+1)} = 1$ で，

$$\sum_{n=1}^{N}\left(-e^{in(\ell+\ell')\alpha} - e^{-in(\ell+\ell')\alpha}\right) = \sum_{n=1}^{N}\left(-X^n - X^{-n}\right) = -\frac{X\left(1-X^N\right)}{1-X} - \frac{X^{-1}\left(1-X^{-N}\right)}{1-X^{-1}}$$

$$= -\frac{X - X^{N+1}}{1-X} + \frac{1 - X^{-N}}{1-X} = 1 + X^{N+1} = 1 + e^{in(\ell+\ell')\pi}. \quad \left(X^{-2N-1} = X\right)$$

$\ell \neq \ell'$ のときには同様に，$\displaystyle\sum_{n=1}^{N}\left(e^{in(\ell-\ell')\alpha} + e^{-in(\ell-\ell')\alpha}\right) = -1 - e^{in(\ell-\ell')\pi}$ となり，式 ① は 0 となる．$\left(e^{in(\ell+\ell')\pi} = e^{2i\ell'\pi}e^{in(\ell-\ell')\pi} = e^{in(\ell-\ell')\pi}\right)$．$\ell = \ell'$ のときは，

$$\sum_{n=1}^{N}\left(e^{in(\ell-\ell')\alpha} + e^{-in(\ell-\ell')\alpha}\right) = \sum_{n=1}^{N}(1+1) = 2N \text{ となる．} \; e^{in(\ell+\ell')\pi} = e^{2i\ell\pi} = 1 \text{ より，式 ① の値は，} \frac{1}{4}(2+2N) = \frac{N+1}{2}.$$

演習問題 20

A

20-1. 左図： 8 N, 12 m, 右図： 4 N, 8 m

20-2. (a) 支点 A:490 N 下向き．点 B の荷物:490 N 下向き．点 C のロープ:980 N 上向き

(b) 点 B の荷物:1960 N·m 時計回り．点 C のロープ:1960 N·m 反時計回り

B

20-3. 点 A での垂直抗力を R，点 B での垂直抗力と静止摩擦力（右向き）を N, f とする．力がつり合うことから，$f = R$, $N = W$．点 B のまわりの力のモーメントがつり合うことから，$\overline{\mathrm{BC}} = x$ として，$Wx\cos\alpha = R\ell\sin\alpha \Rightarrow N = W = \dfrac{R\ell}{x}\tan\alpha$．滑らない条件 $f \leqq \mu N$ より，$x \leqq \mu\ell\tan\alpha$

20-4. $\dfrac{mg}{\cos\theta}$．点 C のまわりの力のモーメントを考える．

演習問題 21

A

21-1. 支点から 2.0 m のところ. 力のモーメントがつり合う位置.

21-2. $F_A = 196\,\text{N}$, $F_B = 294\,\text{N}$

B

21-3. $\dfrac{mg}{2}$, $\dfrac{L}{3}$

C

21-4. 3 点 A,B,C に作用する力を, 図のように仮定する. つなぎめの点 C に作用する力は, どちらの円弧にはたらく力かを明らかにするため, 円弧は分けて考える. 2 つの円弧の点 C に作用する力は, 同じ大きさで逆向きである事に注意せよ. 力のつり合いから, $X_A = X_C$, $Y_A = Y_C$, $X_B = X_C$, $Y_B + Y_C = W$. また点 A,B で力のモーメントの和がゼロであることから, $aX_C = aY_C$, $aX_C + aY_C = (a-b)W$. 以上の式を解いて,

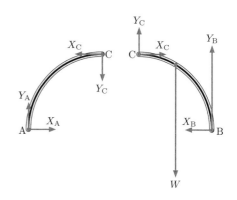

$$X_A = X_B = X_C = Y_A = Y_C = \frac{a-b}{2a}W, \quad Y_B = \frac{a+b}{2a}W$$

ここでは, 力の向きを考慮して記号 (X_A 等) を導入した. しかし, 複雑な状況では事前に力の向きが分かりにくいときもある. その場合は, 向きを仮定しておけば良い. 逆向きに指定しても, 答えが負になるので, 計算結果から判定できる.

21-5.

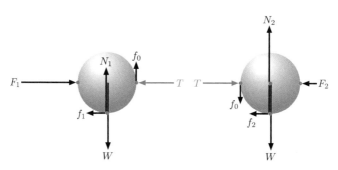

$F_1 > F_2$ であるから, 水平方向の力をつり合わせるため, 球と床との間には, 左向きに摩擦力が作用する. これを f_1, f_2 とする. この力は球を回転させるモーメントを持つので, これを打ち消すために, 2 球の接触面にも摩擦力が作用する. これを f_0 とする. 上図より, $f_1 = f_2 = f_0$ である. 更に, 2 球が押し合う力を T とし, 床からはたらく垂直抗力を N_1, N_2 とする. 水平方向の力のつり合いから, $T = F_1 - f_1 = F_2 + f_2$ となり,

これを解くと，$T = \dfrac{F_1 + F_2}{2}$，$f_1 = f_2 = f_0 = \dfrac{F_1 - F_2}{2}$ となる．一方，鉛直方向の力
のつり合いから，$N_1 = W - f_0$，$N_2 = W + f_0$ と決まる．これで全ての力が決まった．
3 カ所の接触点で滑らない（静止摩擦力が最大摩擦力を超えない）条件は，

$$f_0 \leqq \mu T, \quad f_1 \leqq \mu N_1, \quad f_2 \leqq \mu N_2.$$

摩擦力は全て等しく，$N_2 > N_1$ なので，始めの 2 つの不等式が成り立てば良い．

$$\frac{F_1 - F_2}{2} \leqq \mu \frac{F_1 + F_2}{2}, \quad \frac{F_1 - F_2}{2} \leqq \mu \left(W - \frac{F_1 - F_2}{2} \right)$$
$$\Rightarrow \quad F_1 - F_2 \leqq \mu(F_1 + F_2), \quad F_1 - F_2 \leqq \frac{2\mu}{1 + \mu} W$$

尚，$\dfrac{F_1 - F_2}{2} \leq \dfrac{\mu}{1 + \mu} W < W$ となるので，$N_1 = W - \dfrac{F_1 - F_2}{2} > 0$ である．

21-6. 3 点 C, D, E に作用する力を，図
のように仮定する．つなぎめの点
に作用する力は，どちらの棒には
たらく力かを明らかにするため，
3 つの棒をバラバラに分けて考え
る．異なる棒の同じ点に作用す
る力は，同じ大きさで逆向きで
ある事に注意せよ．水平方向の
力のつり合いから，$X_C = X_D$，
$X_C = X_E$，$X_D = X_E$ となり，
鉛直方向の力のつり合いから，
$N_A = Y_C + Y_D$，$N_B + Y_E = Y_C$，
$Y_C + Y_D = W$．また，棒 CD
の点 C，棒 AD の点 D，棒 BC
の点 C における力のモーメン
トの和がゼロであることから，
$\alpha a W = a Y_D$，$\dfrac{a}{2} X_E = \dfrac{a}{2} Y_E +$
$a N_B$，$a N_A = \dfrac{a}{2} X_E + \dfrac{a}{2} Y_E$．以
上の式を解いて，

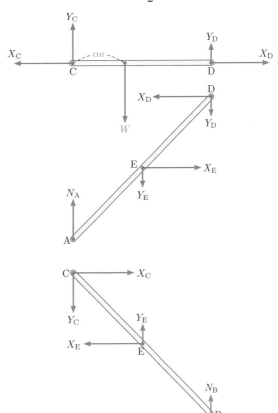

$X_C = X_D = X_E = W$，$Y_C = (1 - \alpha)W$，$Y_D = \alpha W$，$Y_E = (1 - 2\alpha)W$，
$N_A = (1 - \alpha)W$，$N_B = \alpha W$

尚，8 個の変数に対して 9 個の方程式を立てているように見えるが，水平方向のつり合い
を表す 3 式は独立ではなく，方程式の自由度としては 2 になっている．

21-7. 球 1, 2 が円筒から受ける垂直抗力を F_1, F_2 とし，球 1 が水平面から受ける垂直抗力を
R とする．更に，2 球が押し合う力の大きさを T とする．球に作用する力の作用線は，い
ずれも球の中心をとおり，球を回転させるモーメントを持たない．球に作用する力のつり
合から，$F_1 = T \cos \theta$，$R = W_0 + T \sin \theta$，$F_2 = T \cos \theta$，$W_0 = T \sin \theta$ が成り立つ．こ
れを解いて，$F_1 = F_2 = \dfrac{W_0}{\tan \theta}$，$T = \dfrac{W_0}{\sin \theta}$，$R = 2W_0$．次に，円筒に作用する力を

考える．上述の球に作用する力の反作用として F_1, F_2 が側面に作用し，水平面から垂直抗力 N，円筒の重心に重力 W が作用する．（点 A に作用する垂直抗力は，$W-N$ で計算できる．）図より，点 A から F_2 の作用線までの距離が，$\dfrac{a}{2}+a\sin\theta$ であることが分かるので，点 A のまわりの力のモーメントがつり合うことから，N を求めることができる．

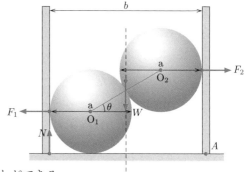

$$\frac{a}{2}F_1+\frac{b}{2}W=bN+\left(\frac{a}{2}+a\sin\theta\right)F_2 \quad\Rightarrow\quad N=\frac{1}{2}W-\frac{a}{b}\cos\theta\,W_0$$

N が負になることはない．よって，倒れない条件は，$W\geqq 2\left(1-\dfrac{a}{b}\right)W_0$

演習問題 22

A

22-1. 慣性モーメントを大きくして，ロープの周りに回転しにくくするため

22-2. (a) 4π rad/s　(b) 0.8π m/s　(c) $0.16\pi^2$ J　(d) 0.02 kg·m^2

(e) 0.08π kg·m^2/s　(f) 0.02 kg·m^2　(g) 0.02 kg·m^2 すべて等しい．

22-3. (a) $I=\dfrac{1}{12}M\ell^2$ を用いて，$L=0.08\pi$ kg·m^2/s, $K=0.12\pi^2$ J

(b) $I=\dfrac{1}{3}M\ell^2$ を用いて，$L=0.32\pi$ kg·m^2/s, $K=0.48\pi^2$ J

(c) $I=\dfrac{1}{2}MR^2$ を用いて，$L=0.24\pi$ kg·m^2/s, $K=0.48\pi^2$ J

(d) $\omega=\dfrac{v}{R}$ より，$L=1.2$ kg·m^2/s, $K=36$ J.　並進の運動エネルギーもある．

B

22-4. 円筒座標で考える．テキストと異なり（本質的には同じ），剛体を分割してその微小体積要素 $\mathrm{d}v$ の質量を $\mathrm{d}m$ とし，その慣性モーメントを足し合わせることにより計算する．もちろんテキストのように計算しても結果は同じになる．

(a) 線密度 $\lambda=\dfrac{M}{2\pi a}$. $\mathrm{d}\theta$ に対する微小体積要素の質量は $\mathrm{d}m=\lambda\cdot a\mathrm{d}\theta$ となる．したがって，$I=\displaystyle\int_0^{2\pi}a^2\mathrm{d}m=\int_0^{2\pi}a^2\frac{M}{2\pi a}a\mathrm{d}\theta=Ma^2$

(b) 面密度 $\sigma=\dfrac{M}{\pi a^2}$. 円盤を半径 r, 幅 $\mathrm{d}r$ の輪に分割. 輪の微小質量は $\mathrm{d}m=\sigma\cdot 2\pi r\mathrm{d}r$.

(a) の結果を利用して $I=\displaystyle\int_0^a r^2\mathrm{d}m=\int_0^{2\pi}r^2\frac{M}{\pi a^2}2\pi r\mathrm{d}r=\frac{1}{2}Ma^2$

(c) 密度 $\rho=\dfrac{3M}{4\pi a^3}$. 球を半径 $R=\sqrt{a^2-z^2}$, 厚さ $\mathrm{d}z$ の円盤に分割．円盤の微小質量は $\mathrm{d}m=\rho\cdot\pi r^2\mathrm{d}z$ となる．したがって，(b) の結果を利用して

$$I=\int_{-a}^a\frac{1}{2}R^2\mathrm{d}m=\int_0^a R^2\frac{3M}{4\pi a^3}\pi R^2\mathrm{d}z=\int_0^a\frac{3M}{4a^3}(a^2-z^2)^2\mathrm{d}z=\frac{2}{5}Ma^2$$

22-5. (a) $I_x = \dfrac{1}{4}Ma^2$　(b) $I = I_z + Ma^2 = \dfrac{3}{2}Ma^2$

(c) $I_x = \dfrac{1}{2}I_z = \dfrac{1}{12}Ma^2$ xy 平面内における正方形の向きに関係ないことに注意.

(d) $I = I_z + M\left(\dfrac{a}{\sqrt{2}}\right)^2 = \dfrac{2}{3}Ma^2$

C

22-6. (a) $I = I_G + Mr^2$. I_G は, 円板の中心を通り円板に垂直な軸のまわりの慣性モーメントで, $I_G = \dfrac{1}{2}Mr^2$. よって. $I = \dfrac{3}{2}Mr^2$

(b) $I = I_G + Mr^2$. I_G は, 円板の直径のまわりの慣性モーメントで, $I_G = \dfrac{1}{4}Mr^2$. よって. $I = \dfrac{5}{4}Mr^2$

(c) 棒の端のまわりの慣性モーメントは $\dfrac{1}{3}M\ell^2$, 中心のまわりでは $\dfrac{1}{12}M\ell^2$. 回転軸から下の辺までの距離は $\dfrac{\sqrt{3}}{2}\ell$. よって, 下の辺の慣性モーメントは $\dfrac{1}{12}M\ell^2 + M\left(\dfrac{\sqrt{3}}{2}\ell\right)^2$ $= \dfrac{5}{6}M\ell^2$. 全体の慣性モーメントは $\dfrac{1}{3}M\ell^2 + \dfrac{1}{3}M\ell^2 + \dfrac{5}{6}M\ell^2 = \dfrac{3}{2}M\ell^2$

(d) $I = \dfrac{1}{3}M\left(\dfrac{\sqrt{3}}{2}\ell\right)^2 \times 2 + M\left(\dfrac{\sqrt{3}}{2}\ell\right)^2 = \dfrac{5}{4}M\ell^2$

演習問題 23

A

23-1. (a) 500 m　(b) 500 rad

23-2. (a) $I\dfrac{d\omega}{dt} = N$, $\dfrac{d\omega}{dt} = 0.50$ rad/s^2　(b) $\omega(t) = 0.50t$ 〔rad/s〕, $\theta(t) = 0.25t^2$ 〔rad〕

(c) $5\sqrt{2} = 7.1$ rad/s. 15 J. 10 m 引くのにかかる時間から ω を計算して K を求める.

(d) 15 J. 等しくなり, 加えた仕事の分だけ運動エネルギーが増加することがわかる.

B

23-3. (a) $I = M(a+R)^2 + \dfrac{2}{5}MR^2$

(b) 力 Mg と距離 $a+R$ と角度 θ から, 支点まわりの力のモーメントは右辺の形になる.

(c) 運動方程式を $\dfrac{d^2\theta}{dt^2} = -\omega^2\theta$ の形に書き, ω^2 を求める. 測定値は T なので, $\omega = 2\pi/T$ より, T に書き換えて, g について解けば良い.

23-4. $\sqrt{\dfrac{2Mgh}{M+2m}}$. 力学的エネルギー保存則を用いる. 運動エネルギーは並進と回転の成分があることに注意する.

23-5. 重心まわりの回転半径を κ_G とする. 周期は $\tau_1 = 2\pi\sqrt{\dfrac{\kappa_G{}^2 + \ell_1{}^2}{g\ell_1}}$, $\tau_2 = 2\pi\sqrt{\dfrac{\kappa_G{}^2 + \ell_2{}^2}{g\ell_2}}$

となる. この2式から $\kappa_G{}^2$ を消去. $\dfrac{4\pi^2}{g} = \dfrac{\ell_1\tau_1{}^2 - \ell_2\tau_2{}^2}{\ell_1{}^2 - \ell_2{}^2} = \dfrac{1}{2}\left(\dfrac{\tau_1{}^2 + \tau_2{}^2}{\ell_1 + \ell_2} + \dfrac{\tau_1{}^2 - \tau_2{}^2}{\ell_1 - \ell_2}\right)$

参考 2つの周期を一致させることは難しい. その時には, 式 (19.40) の代わりにこの式が
使える. しかし, 重心の位置を定めてそこから K_1 までの距離 ℓ_1 を測定しなければなら
ない. (重心から K_2 までの距離は, $\ell_2 = \ell - \ell_1$.)

23-6. (a) 棒が真っ直ぐぶら下げられているところを重力の位置エネルギーの基準とする. 下
端に初速度 v_0 を与えたとき, 角速度の大きさは $\dfrac{v_0}{\ell}$. よって, 力学的エネルギー保

存則により, $\dfrac{1}{2}I\omega^2 + \dfrac{1}{2}Mg\ell(1 - \cos\theta) = \dfrac{1}{2}I\left(\dfrac{v_0}{\ell}\right)^2$. $\theta = \dfrac{\pi}{2}$ で $\omega = 0$ として,

$v_0 = \sqrt{\dfrac{Mg\ell^3}{I}} = \sqrt{3g\ell}$ $\left(\Leftarrow I = \dfrac{1}{3}\ell^2\right)$

(b) $\theta = \pi$ で $\omega^2 > 0$ として, $v_0 > \sqrt{\dfrac{2g\ell^3}{I}} = \sqrt{6g\ell}$

C

23-7. つり合いの位置から時計回りに測った定滑車の回転角を θ とする. つり合って静止して
いるときのばねの伸びを Δx とすると $k\Delta x = mg$ である. 右の糸が定滑車を引く張力を
T とする. 定滑車の運動方程式は, 慣性モーメントを $I = \dfrac{1}{2}MR^2$ として,
$I\dfrac{\mathrm{d}^2\theta}{\mathrm{d}t^2} = TR - k(R\theta + \Delta x)R$. 又, おもりの速度は下向きを正として $v = R\dfrac{\mathrm{d}\theta}{\mathrm{d}t}$ である
から, おもりの運動方程式は, $m\dfrac{\mathrm{d}}{\mathrm{d}t}\left(R\dfrac{\mathrm{d}\theta}{\mathrm{d}t}\right) = mg - T$. T を消去して角加速度を求め
ると, $\dfrac{\mathrm{d}^2\theta}{\mathrm{d}t^2} = -\dfrac{kR^2}{I + mR^2}\theta = -\dfrac{2k}{M + 2m}\theta$. よって周期は, $2\pi\sqrt{\dfrac{M + 2m}{2k}}$.

23-8. 棒が水平で静止しているときのばねの伸びを Δx とすると, $k\Delta x \cdot a = W \cdot \left(\dfrac{\ell}{2} - a\right)$. 棒
が水平からピン D のまわりに, 反時計回りに微小な角 θ 回転したとき, 棒の回転の運動方
程式は, 慣性モーメントを I として, $I\dfrac{\mathrm{d}^2\theta}{\mathrm{d}t^2} = k(\Delta x - a\theta)a - W\left(\dfrac{\ell}{2} - a\right) = -ka^2\theta$.

棒の慣性モーメントは, 平行軸の定理により, $I = \dfrac{1}{12}\dfrac{W}{g}\ell^2 + \dfrac{W}{g}\left(\dfrac{\ell}{2} - a\right)^2 =$

$\dfrac{W}{g}\left(\dfrac{1}{3}\ell^2 - a\ell + a^2\right)$. よって, 周期は $2\pi\sqrt{\dfrac{I}{ka^2}} =$, $2\pi\sqrt{\dfrac{W}{kg}\left(\dfrac{\ell^2}{3a^2} - \dfrac{\ell}{a} + 1\right)}$.

23-9. 点 C で棒にはたらく垂直抗力の大きさを N, 動摩擦力の大きさを f とする. $f = \mu N$ で
ある. 点 A のまわりの力のモーメントがつり合うことから, $aN = \ell mg$. 回転子の運動
方程式は, 角速度を ω として, $I\dfrac{\mathrm{d}\omega}{\mathrm{d}t} = -rf = -\dfrac{\mu mgr\ell}{a}$. $t = 0$ で $\omega = \omega_0$ としてこれ
を解くと, $\omega = \omega_0 - \dfrac{2\mu mg\ell}{Mra}t$ $\Rightarrow$ 止まるまでの時間は, $\dfrac{Mar\omega_0}{2\mu mg\ell}$.

23-10. (a) 点 B に糸の張力が上向きに作用し, 棒の重心(中心)に下向きの重力 W が作用する.
点 A に作用する力が, これらとつり合う. 棒に作用する力がつり合う条件と, 棒が
回転しない条件より, 点 A, B に作用する力は等しく, 鉛直上向きに $\dfrac{W}{2}$.

(b) 棒が振動しているとき，点 A に作用する力を求める．図のように棒の方向に R_r，これと垂直に R_θ とする．棒の重心はこの 2 つの力と重力を受け，半径 $\dfrac{\ell}{2}$ の円運動を行う．運動方程式は，棒の質量を M とし，$\omega = \dfrac{\mathrm{d}\theta}{\mathrm{d}t}$ として，

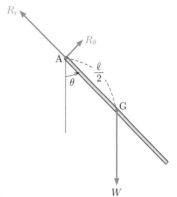

$$\text{中心向き}: M\frac{\ell}{2}\omega^2 = R_r - W\cos\theta,$$

$$\text{接線向き}: M\frac{\ell}{2}\frac{\mathrm{d}\omega}{\mathrm{d}t} = R_\theta - W\sin\theta$$

一方，棒の回転を表す運動方程式は，$I\dfrac{\mathrm{d}\omega}{\mathrm{d}t} = -\dfrac{\ell}{2}W\sin\theta$

この式に $\omega = \dfrac{\mathrm{d}\theta}{\mathrm{d}t}$ を掛けて積分して得られる力学的エネルギー保存則は，$\theta = \dfrac{\pi}{2}$ のときに $\omega = 0$ となることから，$\dfrac{1}{2}I\omega^2 = \dfrac{1}{2}\ell W\cos\theta$．これら 4 式から

$$R_r = \frac{5}{2}W\cos\theta, \quad R_\theta = \frac{1}{4}W\sin\theta \quad \Rightarrow \quad \theta = \frac{\pi}{2}\text{のとき } R_r = 0, \quad R_\theta = \frac{1}{4}W$$

よって，鉛直上向きに $\dfrac{W}{4}$．

23-11. 力学的エネルギー保存則を用いて考える．宇宙船と小物体の運動エネルギーの和は，図 (a) では，$\dfrac{1}{2}I\omega^2 + \dfrac{1}{2}m(R\omega)^2 \times 2$．一方，図 (b) で紐を切断した後，宇宙船は回転を止め，2 つのおもりは速さ $(R+\ell)\omega$ で動くから，力学的エネルギーは $\dfrac{1}{2}m(R+\ell)^2\omega^2 \times 2$．この 2 つが等しいことから，$\ell = \sqrt{R^2 + \dfrac{I}{2m}} - R$

演習問題 24

A

24-1. 鉛直下向きの速さを v，点 C のまわりの回転の角速度（図に合わせて，時計回りを正とする）を ω とすると，$M\dfrac{\mathrm{d}v}{\mathrm{d}t} = Mg - T$, $\quad I\dfrac{\mathrm{d}\omega}{\mathrm{d}t} = rT$ が成り立つ．点 A では，円板の回転による上向きの速度と落下による下向きの速度が相殺し，点 A は静止しているから，$v = r\omega$ が成り立つ．この 3 式から，$T = \dfrac{1}{3}Mg$　$\dfrac{\mathrm{d}v}{\mathrm{d}t} = \dfrac{2}{3}g$

B

24-2. 材木の右向きの速度を V，ローラーの右向きの速度を v とする．木材にはローラから左向きに摩擦力 F が作用し，ローラーにはこの反作用 F が右向きに，床からの摩擦力 f が右向きに作用するとする．ローラの回転の角速度を ω とすると，床でローラーが滑らない

条件は $v = r\omega$, 材木がローラー上で滑らない条件は $V = v + r\omega = 2r\omega$. 運動方程式は,

$$M\frac{\mathrm{d}V}{\mathrm{d}t} = P - 2F, \quad m\frac{\mathrm{d}v}{\mathrm{d}t} = F + f, \quad I\frac{\mathrm{d}\omega}{\mathrm{d}t} = rF - rf \quad \left(I = \frac{1}{2}Mr^2\right)$$

これを解いて, $F = 3f = \dfrac{P}{2 + \frac{8m}{3M}}, \quad \dfrac{\mathrm{d}V}{\mathrm{d}t} = 2\dfrac{\mathrm{d}v}{\mathrm{d}t} = 2r\dfrac{\mathrm{d}\omega}{\mathrm{d}t} = \dfrac{P}{M + \frac{3}{4}m}$

24-3. (a) 水平面から円板に働く垂直抗力を N, 静止摩擦力を右向きに f とする. 鉛直方向の力のつり合いから, $N = W$. 円板の右向きの速さを V, 点 C の周りの回転の角速度の大きさを ω とする. 滑らないことから, $V = r\omega$ である. 運動方程式は,

$$M\frac{\mathrm{d}V}{\mathrm{d}t} = P + f \quad I\frac{\mathrm{d}\omega}{\mathrm{d}t} = rP - rf \quad \left(I = \frac{1}{2}Mr^2\right)$$

これを解いて, $f = \dfrac{P}{3}, \quad \dfrac{\mathrm{d}V}{\mathrm{d}t} = r\dfrac{\mathrm{d}\omega}{\mathrm{d}t} = \dfrac{4P}{3W} \cdot g$

(b) $f \leqq \mu_0 N$ より, $P \leqq 3\mu_0 W$

24-4. (a) 前問と同様. 重力 W の向きが変わったと考えればよい. 斜面に垂直な方向の力のつり合いから, $N = W\cos\theta$. 運動方程式は,

$$M\frac{\mathrm{d}V}{\mathrm{d}t} = P + f - W\sin\alpha \quad I\frac{\mathrm{d}\omega}{\mathrm{d}t} = rP - rf \quad \left(I = \frac{1}{2}Mr^2\right)$$

これを解いて, $f = \dfrac{1}{3}(P + W\sin\alpha), \quad \dfrac{\mathrm{d}V}{\mathrm{d}t} = r\dfrac{\mathrm{d}\omega}{\mathrm{d}t} = \left(\dfrac{4P}{3W} - \dfrac{2}{3}\sin\alpha\right)g$

(b) $f \leqq \mu_0 N$ より, $P \leqq (3\mu_0 - \sin\alpha)W$

C

24-5. 点 A に棒から働く張力を斜面に沿って上向きに T とする. この時点 B には, 斜面に沿って下向きに棒から張力 T が働く. 円板と円輪に斜面から働く垂直抗力を N_A, N_B, 摩擦力を斜面に沿って上向きに f_A, f_B とする. 斜面に垂直な向きの力のつり合いにより, $N_A = N_B = W\cos\alpha$ である. 又, 円板と円輪の慣性モーメントは, $I_A = \dfrac{1}{2}Mr^2, I_B = Mr^2$ である. 斜面を転がり落ちる速さを v, 回転の角速度を ω とする. 滑らずに転がる条件は $v = r\omega$. 円板の運動方程式は,

$$M\frac{\mathrm{d}v}{\mathrm{d}t} = W\sin\alpha - f_A - T, \quad I_A\frac{\mathrm{d}\omega}{\mathrm{d}t} = \frac{1}{2}Mr\frac{\mathrm{d}v}{\mathrm{d}t} = rf_A$$

円輪の運動方程式は,

$$M\frac{\mathrm{d}v}{\mathrm{d}t} = W\sin\alpha - f_B + T, \quad I_B\frac{\mathrm{d}\omega}{\mathrm{d}t} = Mr\frac{\mathrm{d}v}{\mathrm{d}t} = rf_B$$

これを解いて,

$$f_A = \frac{1}{2}f_B = \frac{2}{7}W\sin\alpha, \ T = \frac{1}{7}W\sin\alpha, \ \frac{\mathrm{d}v}{\mathrm{d}t} = \frac{4}{7}g\sin\alpha$$

棒には上記 T の反作用として, 棒を圧縮する向きに力がはたらく. 円輪の慣性モーメントが円板の慣性モーメントより大きく（2倍）回転しにくいためである.

24-6. 点 B に衝突する直前の角運動量の大きさは, 重心の並進運動による角運動量と重心周りの回転による角運動量の和で,

$$Mv(r - a) + I\omega = Mv(r - a) + \frac{1}{2}Mr^2 \cdot \frac{v}{r} = Mv \cdot \left(\frac{3}{2}r - a\right)$$

同様に，衝突直後の角運動量の大きさは，

$$Mur + I\omega' = Mur + \frac{1}{2}Mr^2 \cdot \frac{u}{r} = Mu \cdot \frac{3}{2}r$$

これが等しいことから，$u = \left(1 - \dfrac{2a}{3r}\right)v.$

24-7.　図の左向きに重心の速さ v で滑らずに転がってきて，図の位置で右向きの撃力 f を Δt の間受けたとする．その後球は右向きに速さ v で滑らずに転がっていく．この撃力による運動量，角運動量の変化は，球の質量を M，慣性モーメントを $I = \dfrac{2}{5}Ma^2$ として，

$$Mv - M(-v) = f\Delta t, \quad I(-\omega) - I\omega = -(h-a)f\Delta t, \quad 但し，v = a\omega$$

これを解いて，$h = \dfrac{7}{5}a.$

力学問題集 2024

| 2018 年 3 月 20 日　　第 1 版　第 1 刷　　発行 |
| 2024 年 3 月 20 日　　第 1 版　第 7 刷　　発行 |

編　　著　　鳥 居　隆

発 行 者　　発 田 和 子

発 行 所　　株式会社 学術図書出版社

〒113−0033　　東京都文京区本郷 5 丁目 4−6
TEL 03−3811−0889　　振替 00110−4−28454
印刷　三和印刷（株）

定価は表紙に表示してあります.

© T. TORII　2018　Printed in Japan
ISBN978−4−7806−1218−9　　C3042